絵とき

切削加工
基礎のきそ

Mechanical Engineering Series

海野邦昭 [著]
Unno Kuniaki

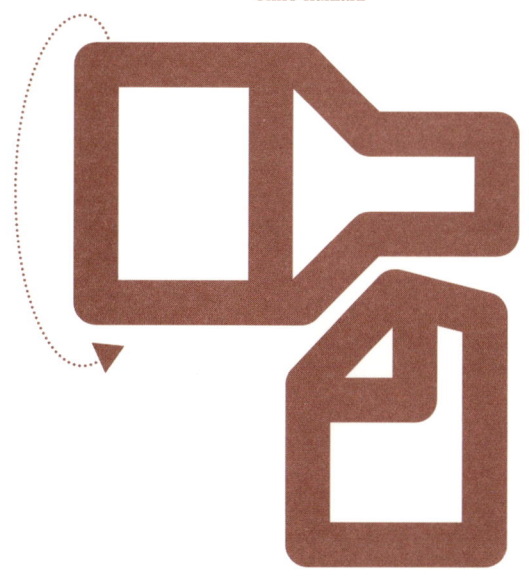

日刊工業新聞社

はじめに

　平成元年、私は青梅商工会議所の依頼を受け、機械加工に関するデータベース作成委員会を設置しました。そして地元企業のために機械加工に関する知識、情報をまとめました。その中に、木村忠彦氏が執筆した「切削工具の上手な選び方・使い方」があります。当時、この本は非常に反響を呼び、多くの方たちから問い合わせがありました。しかしながら印刷部数が少なかったので、皆様にお分けすることができませんでした。またこのような専門書を正式に出版社から発刊するとなると、どうしても高価になってしまいます。そして若い人たちの本離れが進んでいましたので、とうとうこの本を世に送り出すことができませんでした。

　このような残念な思いを持っていた折りに、日刊工業新聞社の奥村功氏と新日本編集企画の飯嶋光雄氏より、若い人たち向けの切削加工の基礎の本を出版したらというお誘いを受けました。氏の注文は「絵ときで、数式を使わず、そして安価な本」ということでした。

　私は旋盤やフライス盤作業はできますが、切削加工に関する研究をあまりしてこなかったので、お引き受けしようかどうか迷いました。しかし頭の中に切削工具の上手な選び方・使い方の本を世に出したいという思いや、熟練技能を継承しなければという思いもあり、また基本的なことなら授業もしているので、何とか書けるのではないかと判断し、お引き受けすることにしました。

　本の執筆を引き受けたものの、以前まとめたものは若い人たち向けの本としては、内容が豊富で、専門すぎるものもありますの

で、木村氏の了解を得て、その中から必要な部分を抜粋し、そして最新の情報を加味して、再編集することにしました。

そのため篠崎襄先生、佐藤素先生、新井実教授、吉川昌範先生、株式会社タンガロイの宇野和之氏、三菱マテリアルツールズ株式会社の河野公一氏、オーエスジー株式会社の村上良彦氏、株式会社不二越の蛭谷隆一氏、住友電工ハードメタル株式会社、日本工作機械工業会、切削油技術研究会、フジBC技研株式会社の関係各位から多くの貴重な資料などをご提供いただきました。ご提供いただいた本や資料等は巻末にまとめて記しております。関係各位のご支援に対し、この場を借りて改めて御礼申し上げます。

また本来ならすべてISO単位で統一すべきですが、原図の関係上、旧単位になっている場合もありますので、ご了承いただきたいと思います。そしてここに述べたことが若い人たちの参考になり、一人でも多くの方たちがものづくりに携わっていただけるようになれば、幸いです。

2006年6月

海野邦昭

絵とき「切削加工」基礎のきそ
目　次

はじめに ……………………………………………………………1

第1章　知っておきたい切削加工の基礎知識
1-1　「切る」と「削る」……………………………………8
1-2　切削加工とその種類……………………………………11

第2章　知っておきたい切削現象と理論の基礎知識
2-1　二次元切削と切りくずの形態…………………………20
2-2　切りくずの変形と工具の切れ味………………………23
2-3　切削抵抗…………………………………………………26
2-4　切削温度…………………………………………………29
2-5　構成刃先…………………………………………………32
2-6　切削工具の摩耗と損傷…………………………………35
2-7　表面粗さ…………………………………………………42
2-8　切りくず処理……………………………………………45

第3章 知っておきたい 工具材料の基礎知識

3-1 工具材料の変遷 …………………………………………54
3-2 工具材料の特性と分類 …………………………………58
3-3 工具材料の種類 …………………………………………65

第4章 知っておきたい 切削工具の基礎知識

4-1 バイト ……………………………………………………88
4-2 スローアウェイチップ …………………………………103
4-3 正面フライス ……………………………………………111
4-4 エンドミル ………………………………………………121
4-5 ドリル ……………………………………………………135

第5章 知っておきたい 切削油剤の基礎知識

5-1 切削油剤の種類と働き …………………………………148
5-2 切削油剤の供給方法 ……………………………………152

第6章 知っておきたい切削条件の決め方の基礎知識

- 6-1 旋削加工条件の要素 ……………………………… 156
- 6-2 旋削加工と切削条件 ……………………………… 158
- 6-3 正面フライス加工と切削条件 …………………… 163
- 6-4 エンドミル切削と加工条件 ……………………… 167

- あとがき ……………………………………………… 170
- 参考文献 ……………………………………………… 171
- 索　引 ………………………………………………… 172

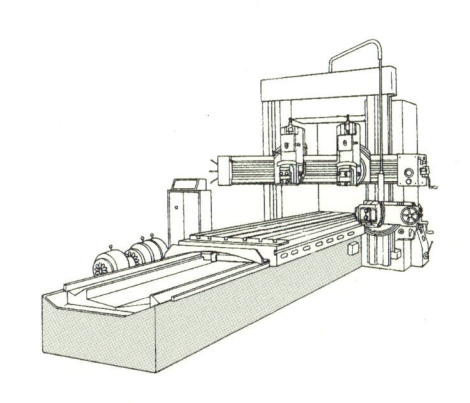

第1章

知っておきたい 切削加工の基礎知識

　一口に「切削」と言いますが、「切る」と「削る」には物理的に大きな違いがあります。「切る」は切りくずが変形せず、またその組織も変化しません。しかしながら「削る」は切りくずが変形するとともに、その組織も変化します。そのため切削加工を上手に行うには、このような基本的な事柄をよく理解しておくことが大切です。

1-1 ● 「切る」と「削る」

(1) 日常生活と「切る」

　日常、私たちは多くの刃物を使用して生活をしています。**図1-1**にその一例を示します。

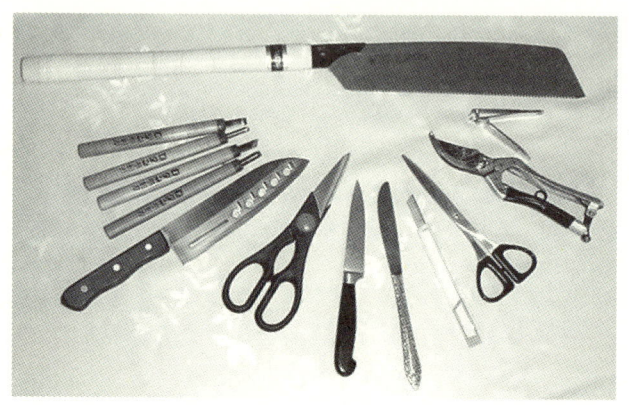

図1-1　身の回りにある刃物

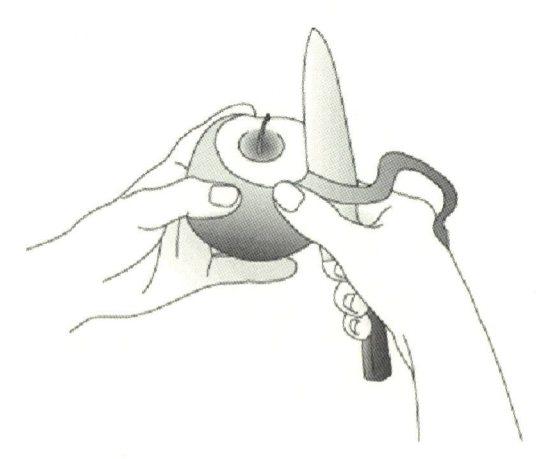

図1-2　包丁でリンゴの皮をむく

図1-2は包丁でリンゴの皮をむく場合です。これも切る作業で、一種の切削加工といえるでしょう。包丁が鋭利な場合は、薄くて長い切りくずがでます。そしてこの切りくずをリンゴに巻き付けると、元の形に戻ります。しかしながら最近は、包丁を研ぐこと、またそれを上手に使いこなせる人が少なくなったので、このようにリンゴをきれいにむくことができないかもしれません。

　また図1-3はカンナで木材を削る場合です。カンナの刃が非常に鋭利な場合は、切りくずは紙みたいに薄くて、長いものになります。現在、どの程度、薄く削れるかというコンテストも行われているようです。また最近は、電動カンナが普及し、刃を研ぐことが少なくなりました。しかし非常に鋭利なカンナで削って仕上げた面と、電動カンナで削った面を比較すると、やはり差があります。一度、試してみるのもよいでしょう。

　図1-4にカッターナイフで鉛筆を削る場合を示します。この場合、ナイフの切れ味と、その使い方によって、厚い切りくずや、薄いものがでます。また人によって、鉛筆の削り目が揃っていたり、不揃いのものがあったりします。鉛筆の削り方によって、その人が器用であるか否か、また几帳面か否かがわかるといいます。このように単に鉛筆を削る場合でもけっこう頭を使います。

第1章 ● 知っておきたい切削加工の基礎知識

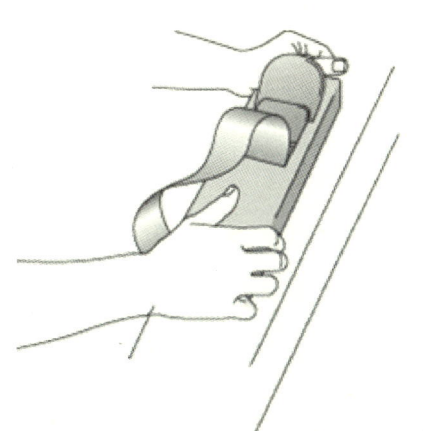

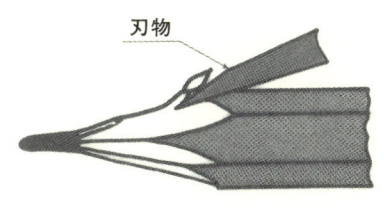

図1-3　カンナで木材を削る　　図1-4　カッターナイフで鉛筆を削る

でも最近は電動鉛筆削りやシャープペンシルが普及し、またカッターナイフを使うと、指を切り、けがをするという理由で、ナイフで鉛筆を削らせなくなりました。是非、幼児期におけるものづくり体験の一部分として、ナイフで上手に鉛筆を削ってもらいたいと思います。

　以上は日常生活における切る作業の例ですが、この他、せん定はさみで木の枝を切ったり、爪切りで爪を切ったり、包丁で魚を3枚におろしたり、のこぎりで木材を切断し、その木材に彫刻刀で絵を彫ったりします。これらも切る作業で、切削加工の一つといえるでしょう。

（2）「切る」とは

　図1-5に鋭利なナイフでリンゴの皮むきをした場合の切りくずを示します。この場合は、切りくずをリンゴに巻き付けると、元の形に戻ります。すなわち切りくずは変形していないことになります。このように工作物を切削工具で切削したときに、切りくずが変形しない場合が「切る」です。

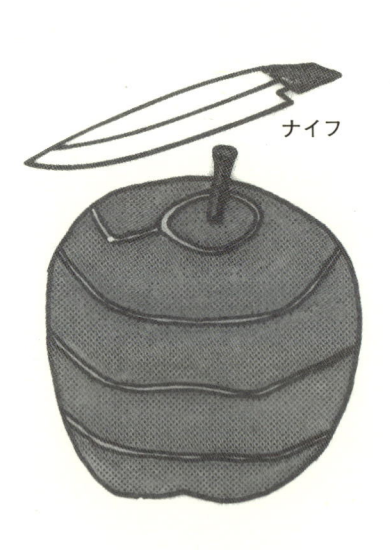

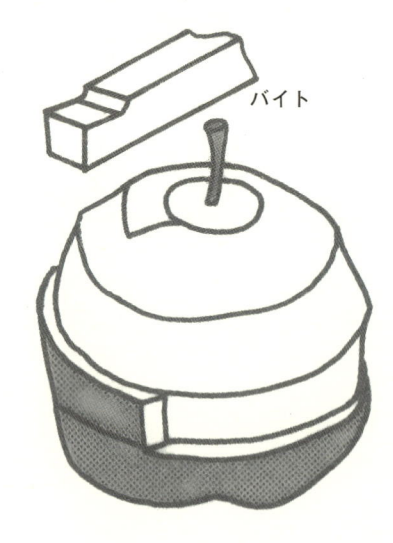

図1-5　リンゴの皮むきと切りくず　　図1-6　鋼製リンゴの皮むきと切りくず

(3)「削る」とは

もしリンゴが硬い鋼材でできていたらどうでしょう。この場合は、鋭利なナイフでは、刃物が破損してしまい、リンゴの皮むきはできません。この時は、図1-6に示すようなバイトという切削工具を用います。このような切削工具で鋼製のリンゴの皮むきをした場合、切った切りくずをリンゴに巻き付けても、元の形には戻りません。すなわち切りくずが大きく変形をしてしまいます。このように切削時に切りくずが変形し、元の形に戻らない場合が「削る」です。

1-2 ● 切削加工とその種類

(1) 切削加工とは

切削加工とは、図1-7および図1-8に示す切削工具（バイト）と工作機

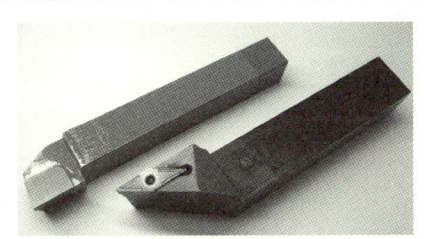

図1-7 バイト（切削工具）の例

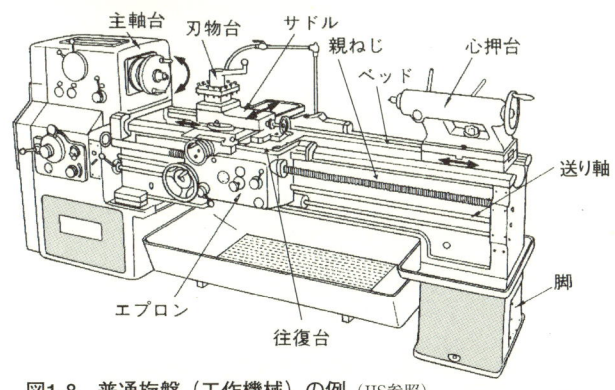

図1-8 普通旋盤（工作機械）の例 (JIS参照)

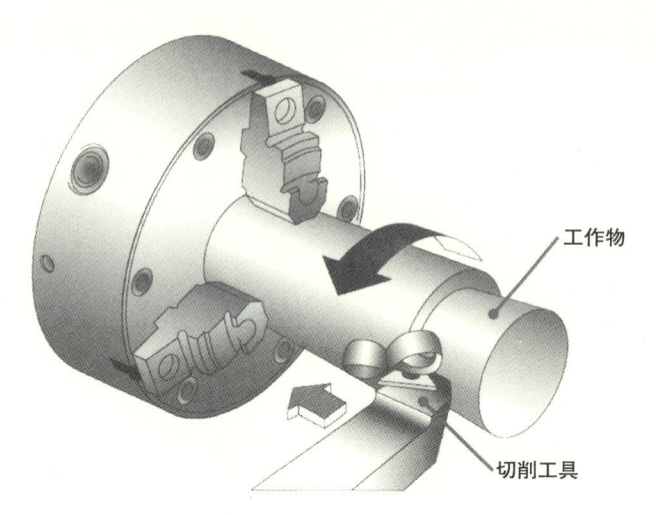

図1-9　切削加工（旋削）とは （三菱マテリアル）

械を用いて、工作物から不要な部分を取り除き、所要の形状、寸法精度および表面粗さに仕上げる方法です。

　図1-9に切削加工の例として、旋削の場合を示します。工作物を高速で回転し、切削工具を送ると、不要な部分が削り取られます。この場合、切りくずは大きく変形するので、刃先先端は高温・高圧となります。そのため切削工具には、工作物よりも、少なくとも3倍以上の硬さが必要とされます。

（2）切削加工の種類

　切削加工の種類を大きく分けると、図1-10に示すように単刃工具を用いるものと、多刃工具を用いるものとがあります。

　単刃工具を用いる方法としては、図1-8に示した旋盤とバイトを用いた旋削加工（ターニング、図1-11）や中ぐり加工（ボーリング、図1-12）があります。

　また図1-13に示す横中ぐり盤を用いたボーリング（図1-14）などがあります。

加工形態	切削工具		工作機械
ターニング	バイトホルダ		旋盤
	ボーリングバー		
ミーリング	フェースミーリングカッタ		フライス盤
	エンドミル		
ドリリング	ドリル		ボール盤

図1-10 代表的な切削加工の種類（三菱マテリアル）

図1-11 切削工具（バイト）による
　　　　ターニング

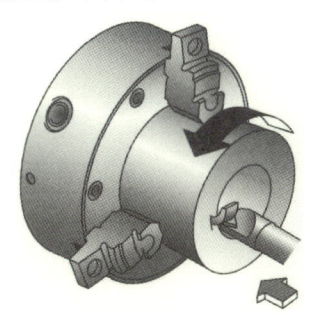

図1-12 中ぐり加工

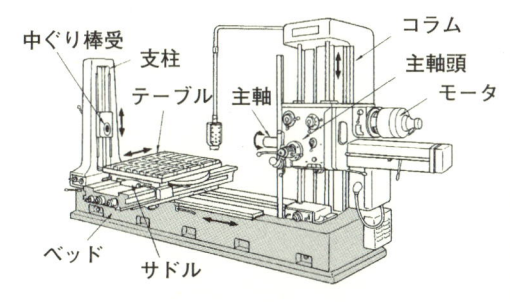

図1-13 横中ぐり盤（JIS参照）

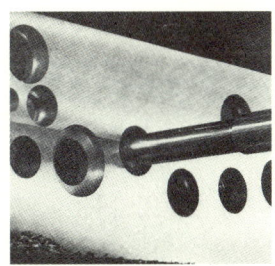

図1-14 横中ぐり盤によるボーリング

第1章 ● 知っておきたい切削加工の基礎知識

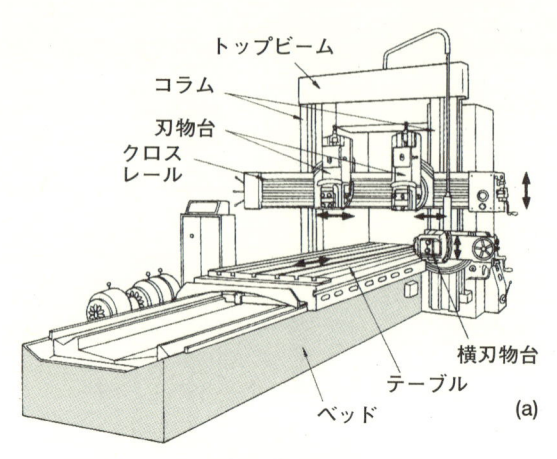

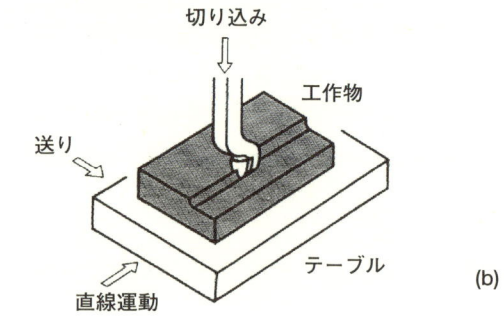

図1-15 平削り盤（a）と平削り（b）(JIS参照)

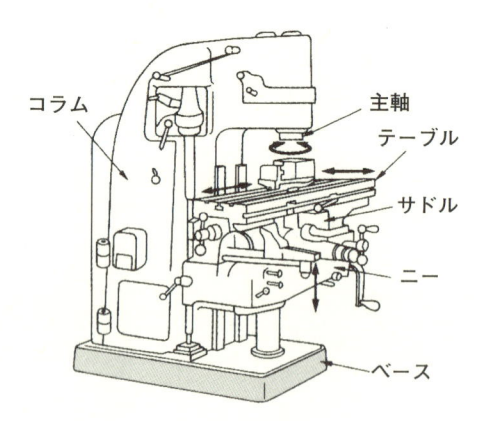

図1-16 立フライス盤 (JIS参照)

図1-15に平削り盤を示します。この機械はバイトを用いて、大物工作物をテーブルの直線運動により加工するものです。
　以上は単刃工具を用いる代表的な工作機械と加工方法です。これらは自動車や工作機械などの部品加工にはなくてはならない機械です。
　次は多刃工具を用いる切削加工方法です。その代表的な工作機械が、図1-16に示す立フライス盤です。この機械は切削工具の回転運動と工作物の直線または曲線運動により、工作物を所要の形状・寸法に仕上げるものです。
　図1-17に立フライス盤と正面フライスを用いた平面削りを示します。フライスは、外周面、端面または側面に複数の切れ刃を持つ回転切削工具です。高速で回転する正面フライスにより、工作物が平面に切削加工されます。
　また図1-18にラフィング（波形切れ刃）エンドミルによる工作物の側

図1-17　正面フライスによる平面削り（三菱マテリアル）

図1-18　ラフィングエンドミルによる側面加工（不二越）

第1章　知っておきたい切削加工の基礎知識

図1-19 ボールエンドミルによる曲面加工（不二越）

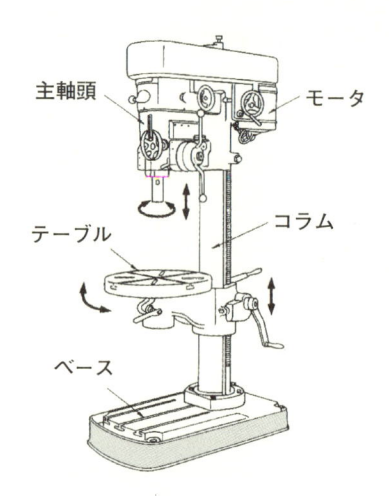

図1-20 直立ボール盤（JIS参照）

主軸頭
モータ
テーブル
コラム
ベース

図1-21 ドリルによる穴あけ加工（不二越）

面切削加工を示します。エンドミルはフライスの一種で、シャンクタイプのものをいいます。図のようにエンドミルを用いて、溝加工や側面加工などが行えます。

また図1-19に数値制御されたフライス盤とボールエンドミルを用いた曲面加工の例を示します。このような加工は金型加工にはなくてはならないものです。

16

そして**図1-20**に直立ボール盤を示します。この工作機械は切削工具の回転運動と直線運動により穴あけ加工（**図1-21**）、リーマ加工およびねじ立てなどを行います。

図1-22にホブ盤を示します。この工作機械はホブという切削工具を用いて、歯車を加工するものです。**図1-23**にホブによる歯車加工の例を示します。ホブの回転運動と同期して工作物をわずかに回転すると、歯車が創成されます。

この他、多刃工具を用いる加工法としては、ピニオンカッタを用いた歯車加工、リーマを用いたリーマ加工およびブローチを用いたブローチ加工などがあります。

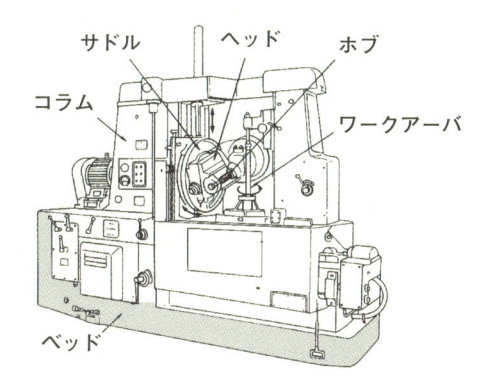

図1-22　ホブ盤 (JIS参照)

図1-23　ホブによる歯切り加工 (不二越)

第2章

知っておきたい切削現象と理論の基礎知識

　自動車の運転を習得する場合、単に操作練習をするだけでは不十分で、その構造や法規などの基本的な事柄を理解しておく必要があります。切削加工の場合も同様で、工作機械や切削工具の知識とともに、切削加工に関する基本的な理論を習得したうえで、切削時に生じるいろいろな切削現象をよく把握しておくことが大切です。

2-1 ● 二次元切削と切りくずの形態

(1) 二次元切削とは

　図2-1にカンナで木材を削るように、切削工具（バイト）で鋼材を切削する場合を示します。この場合、一つの直線の切れ刃をもったバイト（切削工具）を、その切れ刃と直角方向に動かして切削した時、流出する切りくずが横方向にまったく変形せず、切削幅と等しい幅の長方形断面となるような切削を二次元切削と呼んでいます。

　図2-2に鋼材の二次元切削時の切りくずの変形を示します。この場合、工作物の側面に格子をけがき、バイトで切削するとその格子が非常に変形することがわかります。このように切削においては、切りくずが大きく変形するとともに、その組織も変化します。

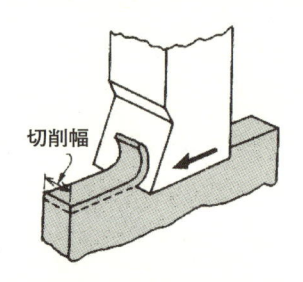

図2-1　二次元切削とは

図2-2　二次元切削時の切りくずの変形（不二越）

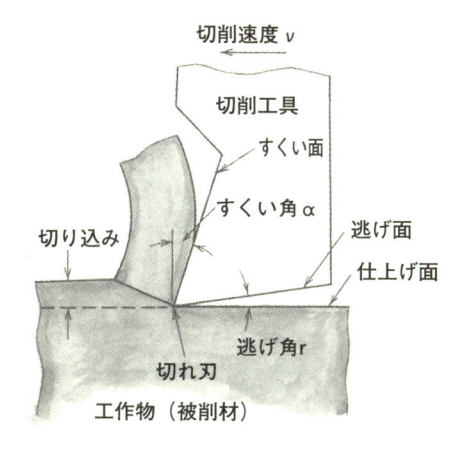

図2-3　二次元切削時の各部の名称

（2）二次元切削時の各部の名称

　図2-3に二次元切削時の各部の名称を示します。図において、切れ刃先端で工作物に対し垂線を立て、切削工具（バイト）の面とのなす角をすくい角と呼びます。また切りくずが排出される工具面をすくい面といいます。そして仕上げ面と工具の逃げ面とのなす角を逃げ角と呼びます。

（3）切りくずの形態

　図2-4は流れ形切りくずです。この切りくずは、鋼材を切削する場合に一般的に観察されるもので、バイトのすくい面に沿ってリボン状に流

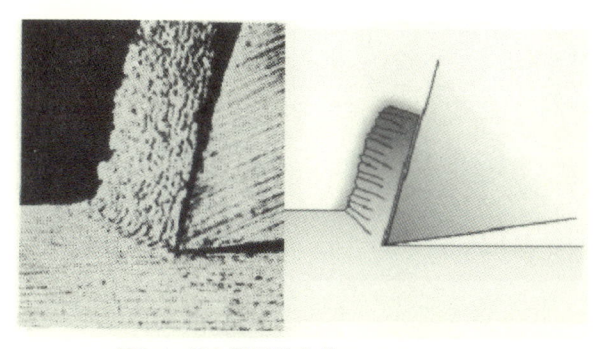

図2-4　流れ形切りくず（三菱マテリアル）

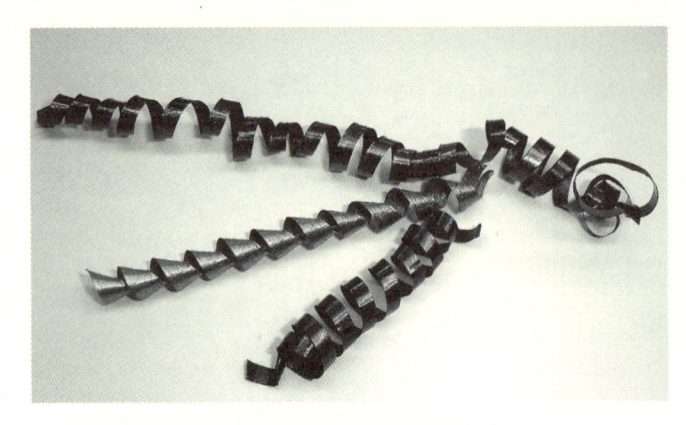

図2-5 代表的な流れ形切りくず

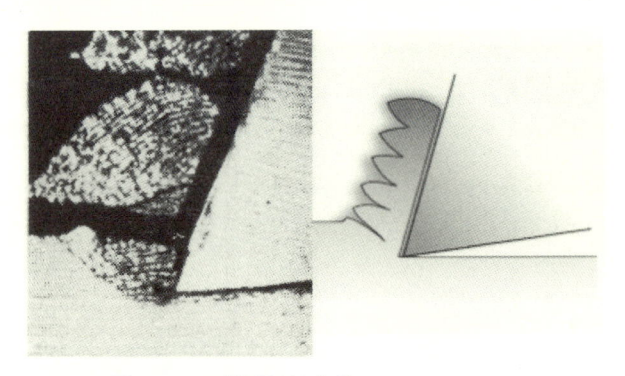

図2-6 せん断形切りくず (三菱マテリアル)

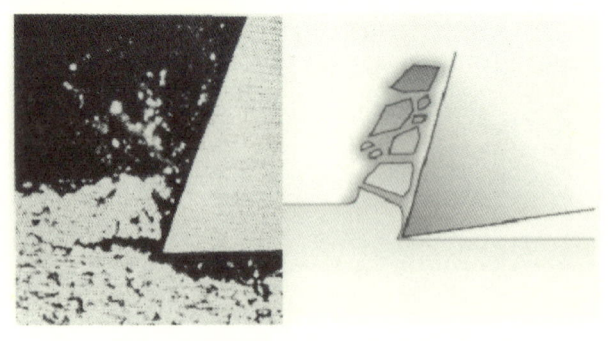

図2-7 亀裂形切りくず (三菱マテリアル)

出します。また図2-5に二次元切削ではありませんが、代表的な流れ形切りくずの写真を示します。この切りくずはリボン状に連続しており、比較的、上の面も下の面も滑らかです。このタイプの切削の場合には、切削抵抗の変動も少なく、振動も発生しにくいのが特徴です。

図2-6にせん断型切りくずを示します。この切りくずは、流れ形切りくずの滑り面の間隔が広くなった状態です。このタイプの切削の場合には、切削抵抗の変動が大きく、仕上げ面が悪くなるとともに、びびり振動を発生することもあります。

図2-7に亀裂形切りくずを示します。この切りくずは、鋳鉄やセラミックスなどの硬脆材料を切削する場合に生じやすく、刃先先端の亀裂の発生によってできるものです。このタイプの切削の場合には、仕上げ面が悪いのが特徴です。

2-2 切りくずの変形と工具の切れ味

(1) 二次元切削時の切りくずの変形

図2-8に鋼材の二次元切削時の切りくず厚さの変化を示します。図において、切り込みを t とし、そして工作物の面に沿って長さ l をとれば、切削後は、厚さが $3t$ で、長さが $l/3$ となります。そのため通常の鋼材の二次元切削では、切り込みの約3倍の厚さの切りくずが排出されます。

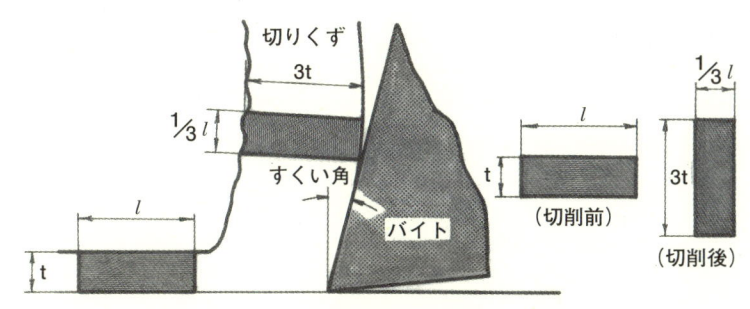

図2-8 二次元切削時の切りくずの変形

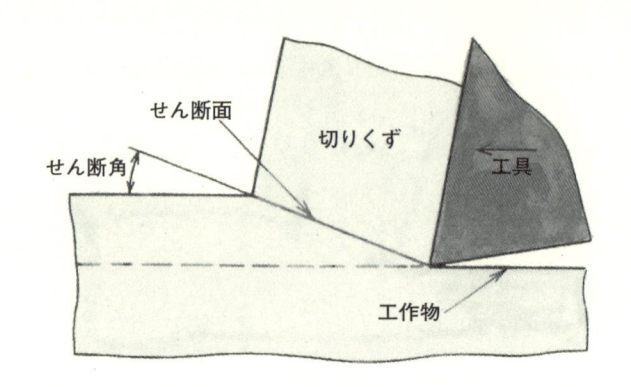

図2-9 二次元切削時のせん断角

（2）せん断角と切りくず厚さ

　図2-2に示したように二次元切削時には、工作物の側面に四角形にけがいた格子が急激に変形するせん断面が観察されます。これを模型化すると**図2-9**のようになります。図における工作物の仕上げ面とせん断面とのなす角をせん断角と呼びます。このせん断角の大小により、切りくずの厚さが変化します。

　図より明らかなようにせん断角が大きいと薄い切りくずとなり、反対に小さいと、厚い切りくずになります。そのためバイトで切削した場合、せん断角が大きいほど、切れ味がよい工具といえます。

（3）切削工具のすくい角とその切れ味

　図2-10に切削工具のすくい角とせん断角および切りくず厚さの関係を示します。切削工具のすくい角を大きくし、鋭利にするとせん断角が大きくなり、切りくず厚さは小さくなります。すなわち鋭利な切削工具（工具が破損しない範囲で）ほど、切りくず厚さが小さく、せん断角が大きいといえます。そのためせん断角の大小によって、切削工具の切れ味が定量的に評価できることになります。

　この場合、**図2-11**に示すように、切削時の切りくず厚さを管厚マイク

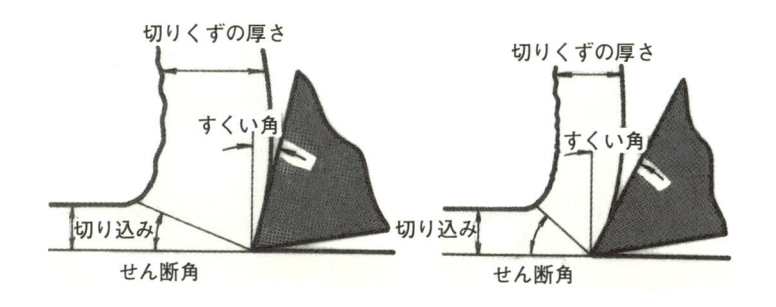

図2-10　工具すくい角とせん断角および切りくず厚さ

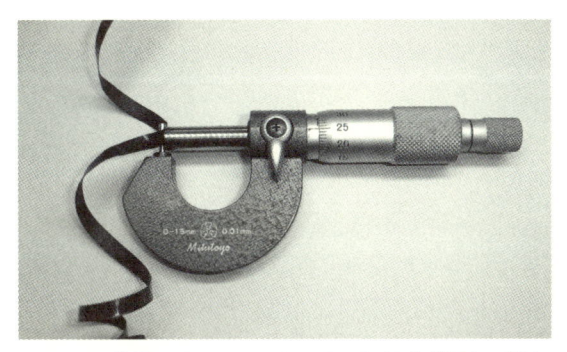

図2-11　管厚マイクロメータによる切りくず厚さの測定

ロメータなどを用いて測定すれば、切削工具のすくい角と切り込みにより、せん断角を計算によって求めることができます。

　また切削工具のすくい角を大きくし、鋭利にするとともに切削速度を高くし、潤滑するとせん断角が大きくなり、切れ味がよくなります。

せん断角の計算

$$\tan\phi = \frac{(t_1/t_2)\cos\alpha}{1-(t_1/t_2)\sin\alpha}$$

ϕ=せん断角　α=すくい角　t_1=切り込み　t_2=切りくず厚さ

2-3 ● 切削抵抗

(1) 二次元切削時の切削抵抗

　図2-12に二次元切削時の切削抵抗とその分力を示します。切削抵抗は、加工する工作物の材質と切削断面積に依存します。そして接線方向と法線方向の分力に分けることができます。

　その主分力（接線分力）は切りくずを生成するための力で、また背分力（垂直分力）は工具を逃がしたり、工作物を変形させたりする力です。そして接線分力と法線分力の比を分力比と呼んでいます。通常は、主分力の方が背分力よりも大きく、背分力は主分力の30％～60％程度です。

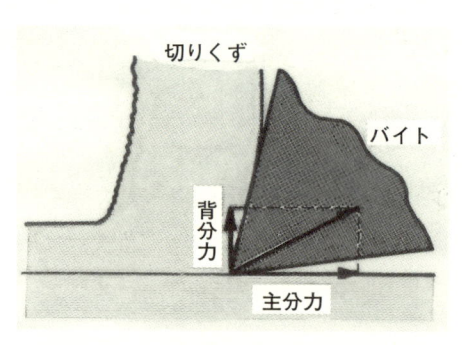

図2-12　二次元切削時の切削抵抗とその分力

(2) 三次元切削時の切削抵抗

　図2-13は旋削により曲面削りをしているところです。通常の切削の場合には、切りくずはすくい面に対し直角ではなく、いずれかの方向に曲がって流出します。このような場合が三次元切削です。この時、旋削の場合には、図2-14に示すような切削抵抗の主分力、背分力および送り分力が作用します。

　この場合、主分力が切り屑を生成する力で、工作物にトルクを与えるように作用します。そして工作機械の主軸にトルクとして働き、切削動

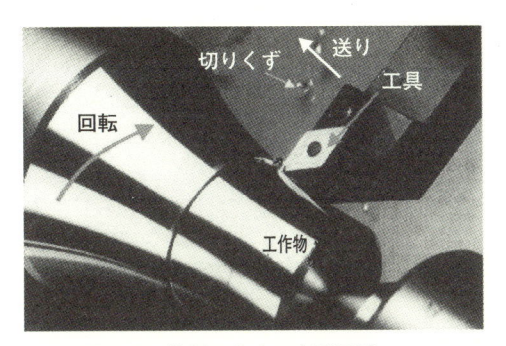

図2-13　旋削による三次元切削（野村）

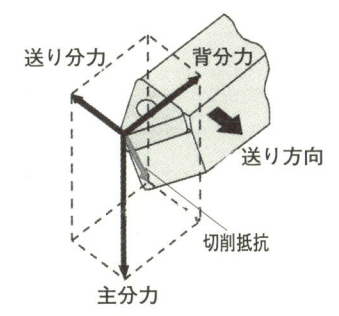

図2-14　旋削時の切削抵抗三分力

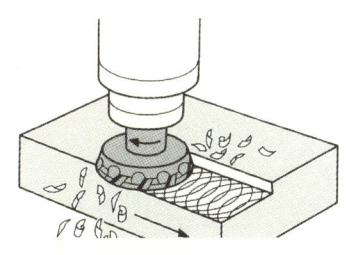

図2-15　正面フライス削り

力に影響します。また送り分力は、切削工具（バイト）の送り方向に作用する力で、工作機械の主軸にスラストとして影響します。そして背分力は、切削工具を逃がしたり、工作物を撓ますなどの変形を与える力として作用します。

図2-15は正面フライス削りですが、図2-16のように主軸回転数がn、

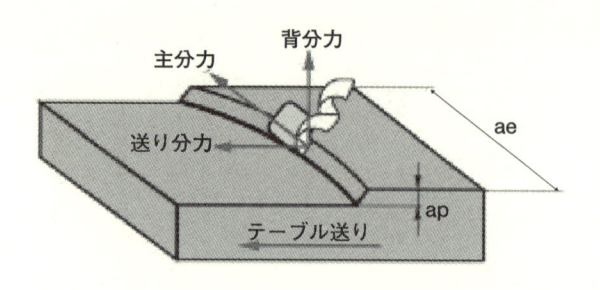

図2-16　正面フライス削りの切削抵抗三分力（三菱マテリアル）

切削幅が ae、切り込みが ap、カッタ径が D、テーブル送り速度が Vf です。その時、切削抵抗の主分力はカッタ径の接線方向に、また背分力は主軸方向に、そして送り分力はテーブル送りの方向に作用します。

（3）比切削抵抗

　切削抵抗に影響を及ぼすのが工作物の材質です。工作物を切削した時の主切削抵抗を単位切削断面積で割った値を比切削抵抗といいます。力を断面積で割れば応力となり、この場合は工作物の破壊応力に対応するもので、その材質に依存します。この場合、問題になるのが寸法効果です。図2-17に寸法効果の考え方を示します。同じ材料でも、体積が大きくなると、含まれる欠陥も大きくなります。そのため破壊強度が低下し

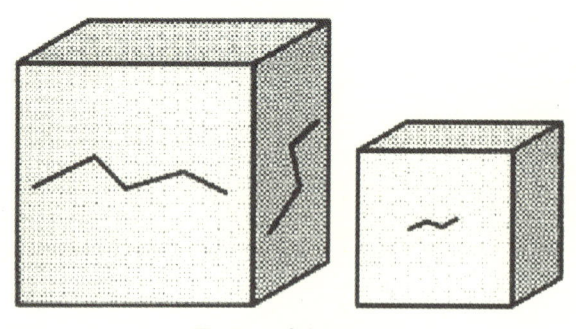

図2-17　寸法効果

ます。
　またその体積が非常に小さくなると、含まれる欠陥も小さくなり、理想強度に近づきます。そのため同じ工作物でも旋削時の送り、あるいはフライス削り時の刃あたりの送りが小さくなると、理想強度に近い材料を切削するようになるので、比切削抵抗が大きくなります。また通常の破壊強度と区別するために、この応力を比切削抵抗と呼んでいます。そしてこの比切削抵抗は、単位時間・単位切削体積あたりの切削仕事となります。

2-4 ● 切削温度

（1）切削時の発熱

　切削時には、図2-18に示したせん断面で生じる大きな切りくずの変形および工具すくい面との摩擦によって発熱します。また背分力に摩擦係数を掛けると、摩擦力になるので、工具の逃げ面との摩擦によっても発熱します。そのため切削時にはこの発熱をいかに小さくするかが問題で、切削油剤による潤滑が重要になります。

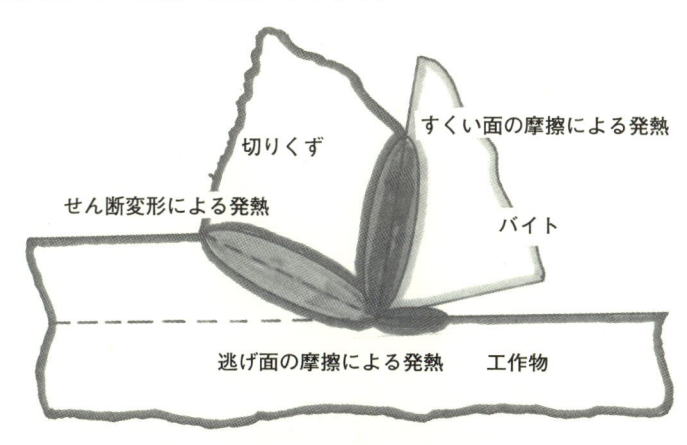

図2-18　切削時の発熱

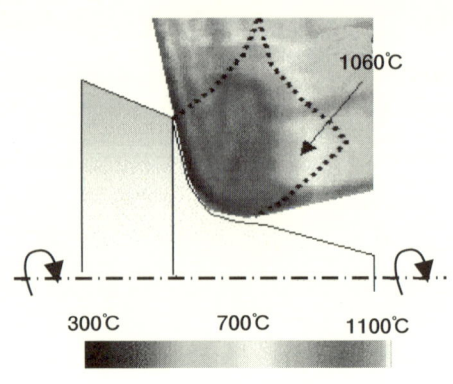

図2-19　旋削時の切削温度 (野村)

(2) 切削時の温度

　切削時の発熱により、切削温度は非常に高くなります。**図2-19**に旋削時の切削温度の一例を示します。鋼材の切削時には刃先温度は約1000℃になります。このように切削時には、切削工具に高温・高圧が作用することになります。そのため高温・高圧に耐えられる工具材料の開発が非常に重要になります。

(3) 熱の流入割合

　図2-20に切削熱の流入割合を示します。切削時に発生した熱は、その

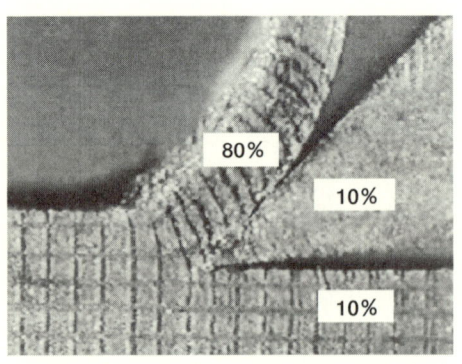

図2-20　切削熱の流入割合（鋼材の場合）

大部分、約80％が切りくずに流入し、工作物と工具がそれぞれ約10％です。そのため切りくずは熱の影響を受けるので、その状態をよく観察していると切削状態の善し悪しがわかります。

（4）切りくずの着色

切削によって発生した熱の大部分が切りくずに流入します。通常の鋼材の切削においては、その熱により切りくずが酸化し、テンパカラーが生じます。

図2-21に切りくずに生じたテンパカラーを示します。酸化膜によるテンパカラーとは、空に発生する虹と同様に、光の干渉によって生じる着色現象です。温度が低い場合は、わら色（赤外線）となり、順次、茶色、紫色そして青色（紫外線）へと変化します。

図の上の切りくずは、切削温度が低いため、テンパカラーは認められません。一方、図の下の切りくずは、切削温度が高いため青色のテンパカラーになっています。そのため切りくずの色を観察すれば、切削温度が高いのか、あるいは低いのか推測ができます。

また切削工具が摩耗し、切れ味が悪くなると、切りくず厚さが増大するとともに、切削温度が高くなり、切りくずの色がわら色から、順次、紫や青色に変化します。そのため切りくず厚さや切りくずの色の変化により、切削状態を予知することができます。切削時には、このような変化を注意して観察することが大切です。

図2-21　切りくずのテンパカラー

2-5●構成刃先

(1) 構成刃先とは

図2-22に示すように、鋼材などの切削において工作物の一部分が切削工具の先端に堆積し、刃先の働きをするものを構成刃先と呼んでいます。

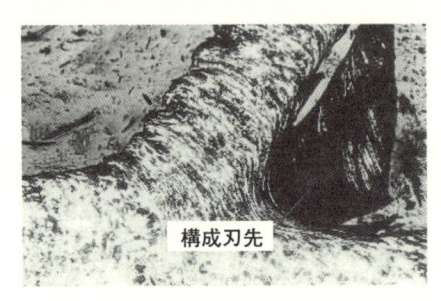

図2-22　構成刃先（新井）

(2) 構成刃先の生成・脱落

図2-23に示すように、構成刃先は発生、成長、分裂および脱落を繰りかえします。そのため切削時に構成刃先が発生すると、切削工具の刃先

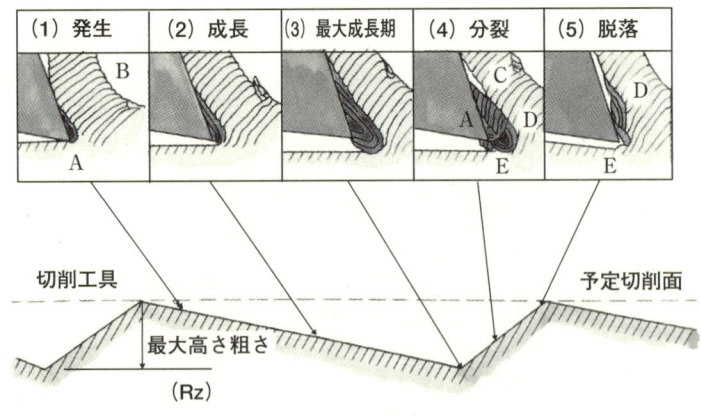

図2-23　構成刃先の発生から脱落までのサイクル（大越）

図2-24 切りくずに付着した構成刃先

を保護する働きがある一方で、表面性状が梨地になり、表面粗さが悪化するという問題があります。

また図2-24に示すように、構成刃先が発生すると、切りくずの表面に付着物が付きます。そのため切削時に切りくず表面を観察すれば、その発生状況がわかります。

(3) 構成刃先の消失

図2-25に示すように、旋盤で工作物の端面を切削すると、しばしば中心部が梨地の面で、外周に近づくにつれて光沢面になることが観察されます。すなわち梨地の面は構成刃先が付着した場合で、光沢面は付着していない場合です。

図2-25 端面旋削時の表面粗さの変化

この場合、端面の中心は切削速度がゼロで、外周面に向かうにつれて切削速度が高くなります。そのため中心部の切削温度は低く、外周面方向は高くなります。通常、構成刃先は、鋼材の切削において、約600℃（再結晶温度）で消失します。そのため端面旋削時に、梨地面から光沢面に移行する境界の切削温度は約600℃ということがわかります。そしてこのような表面粗さの変化、言い換えれば構成刃先の付着状態により、おおよその切削温度が推定できます。

(4) 仕上げバイトのプリホーニングと構成刃先

旋削時に形状・寸法精度とともに、構成刃先が付着していない光沢面が欲しいという場合があります。わずかな寸法誤差を修正するためには、バイトが鋭利でなくてはなりません。鋭利でないと、切り込みを与えてもバイトが工作物面を上滑りするだけで、寸法の修正はできません。

一方、バイトを鋭利にすると、切り込みが小さいので切削温度が低くなります。その結果、構成刃先が付着し、光沢面にはなりません。そこで図2-26に示すように、バイトを鋭利に研削した後、マイクロチッピングを防止するとともに切削温度を高くするために、わずかに刃先をダイヤモンドハンドラッパなどでプリホーニングをします。すなわち強制的に刃先を鈍化し、切削温度を上げるわけです。

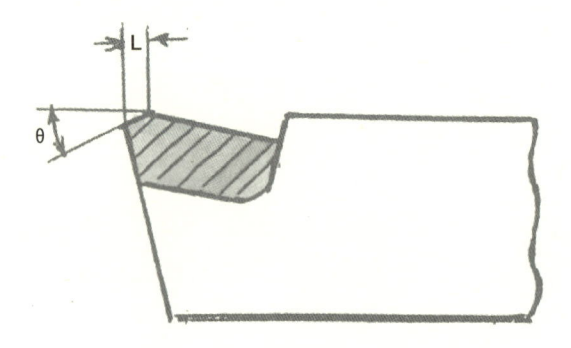

図2-26　バイト刃先のプリホーニングの例

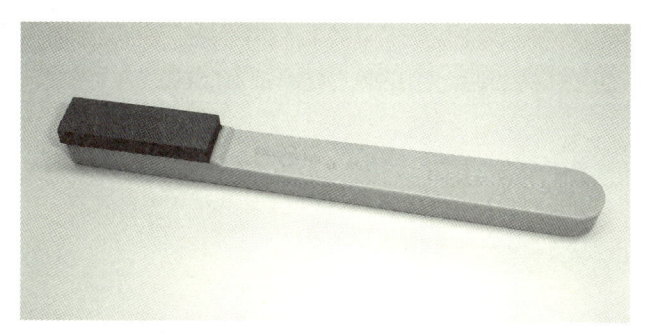

図2-27　ダイヤモンドハンドラッパ

　図2-27にプリホーニングに用いるダイヤモンドハンドラッパを示します。これはブラシの先端がダイヤモンド砥石（この場合は#400）になっているような工具です。このハンドラッパを刃先に所要の角度（直線の場合）であて、わずかに擦るようにホーニングします。この場合、プリホーニングが大きすぎる（刃先が鈍化）と、切削温度が高くなり、構成刃先が消失し、光沢面になりますが、鋭利でないために、わずかな寸法の修正ができなくなります。そのため光沢面が得られ、かつ寸法補正ができるように、プリホーニングをいかに上手に行うかが、旋削の仕上げではポイントになります。

2-6 ● 切削工具の摩耗と損傷

（1）逃げ面摩耗とクレータ摩耗

　切削温度を測定するには、熱電対を用いるのが一般的ですが、現場で容易にできるというわけにはいきません。このような場合、鋼材の切削では、切りくずの色や構成刃先の有無により、おおよその切削温度の推定ができます。そのため切削加工においては、切りくずの状態や切削表面を常に観察することが大切です。

　前述のように切削工具の刃先は、非常な高温・高圧にさらされます。

そのため切削工具は、**図2-28**に示すように、摩耗し鈍化します。この場合、**図2-29**に示すように切削工具の逃げ面と工作物の摩擦によって生ずる摩耗を逃げ面摩耗（フランク摩耗）と呼びます。また切削工具のすくい面と切りくずの摩擦によって生じる摩耗がすくい面摩耗（クレータ摩耗）です。通常、切削速度が低い場合は逃げ面摩耗が支配的で、高くなるとすくい面摩耗が支配的になります。

　図2-30に逃げ面摩耗の代表的パターンを示します。通常の正常摩耗の場合には、工具顕微鏡などでその逃げ面摩耗幅（V_B）を測定し、切削

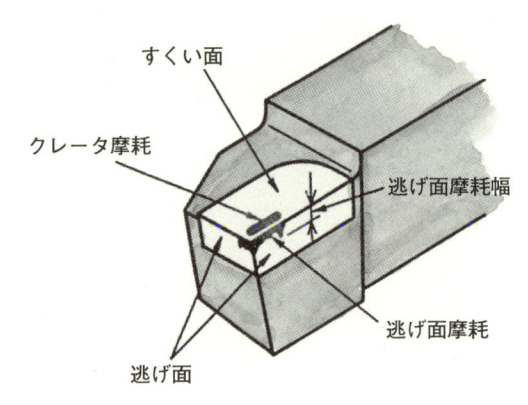

図2-28　切削工具の摩耗

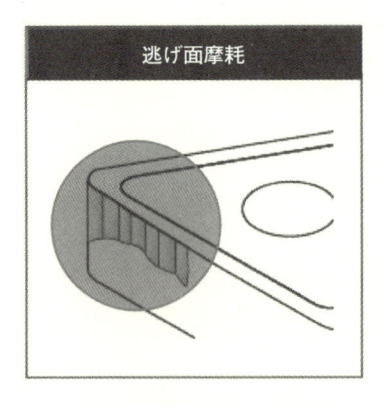

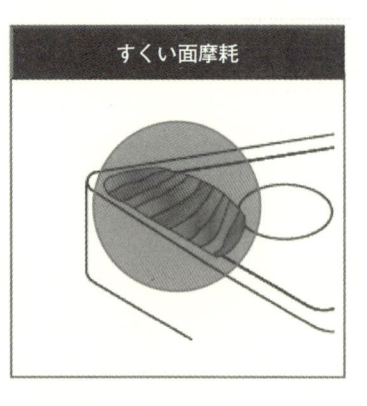

図2-29　逃げ面摩耗（フランク摩耗）とすくい面摩耗（クレータ摩耗）（三菱マテリアル）

(a) 正常摩耗　V_B

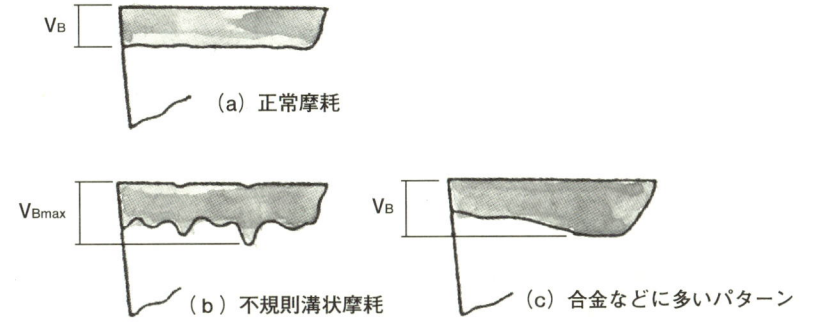

(b) 不規則溝状摩耗　V_{Bmax}

(c) 合金などに多いパターン　V_B

図2-30　切削工具の逃げ面摩耗の代表的パターン

切れ味	切りくず形状	切りくずの色		切りくず裏面	バリ
		ステンレス	鋼		
良 ↕ 不	つる巻状 ↕ うず巻状	うすい黄金色 ↕ 濃い黄金色	濃紺 ↕ にぶい紫色	なめらか ↕ うねり、付着物	小 ↕ 大

表2-1　切削工具の切れ味と切りくずおよびバリの状態

工具の切れ味の善し悪しを判断します。

このように鋼材切削の開始時点に鋭利であった切削工具は摩耗し、切れ味が悪くなります。しかし実作業で、いちいち切削工具の逃げ面摩耗量を工具顕微鏡などで測定するわけにはいきません。そのため切削現象をよく観察し、切削工具の切れ味の善し悪しを判断することが大切になります。

鋼材の切削時に切削工具の切れ味が悪くなると、せん断角が小さくなり、切りくずが厚くなります。また切削温度が高くなり、切りくずの色が変化します。そして切り残しなどにより、寸法精度も悪くなります。その他、びびりが発生するなど、いろいろな現象が生じます。このような切削現象を、常に観察することが大切です。

表2-1に切削工具の切れ味と切りくず、およびバリの状態を示します。

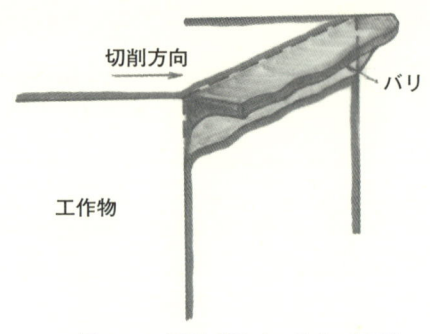

図2-31　切削バリ（フライス削り）

　図2-31にバリの例を示します。バリはかえりともいい、切削時に工具が工作物から離れる際に生じるものです。それは工作物の未切削部が切削工具により押し倒されるように、外側に突き出たものです。切削工具の刃先が鈍化すると、発生するバリが大きくなります。そのためバリの大きさからも切削工具の切れ味が推定できます。

（2）逃げ面摩耗経過曲線

　鋼材切削時の逃げ面摩耗幅を測定し、切削時間との関連で示したのが、逃げ面摩耗経過曲線です。図2-32に逃げ面摩耗経過曲線を示します。図から明らかなように、逃げ面摩耗経過曲線は、3つの領域に区分できます。切削開始の時点で摩耗が急激に進む初期摩耗域、切削時間の進行に比例して摩耗が直線的に大きくなる正常摩耗域、そして摩耗が急激に進行する急激摩耗域です。初期摩耗域は、工具研削後の切れ刃のマイクロチッピングなどが支配的で、摩耗量が多くなります。

　また逃げ面摩耗幅が約0.4mmになると、摩耗量が急激に増大します。そのため通常の鋼材の切削では、逃げ面摩耗幅が0.4mmの時点をもって、工具寿命と判断し、工具を再研削するか、あるいは工具交換します。

　表2-2にバイトの工具寿命評価基準の例を示します。バイトの工具寿命は各種作業目的に応じて、逃げ面摩耗幅や、すくい面摩耗深さのある一定値により評価されています。

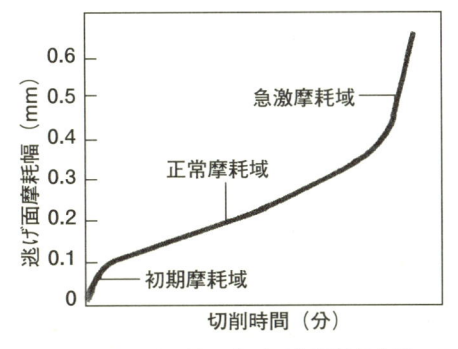

図2-32　切削工具の逃げ面摩耗経過曲線 (篠崎)

逃げ面摩耗幅　0.2mm	精密中ぐり、非鉄合金などの仕上げ削りなど
逃げ面摩耗幅　0.4mm	特殊鋼などの切削
逃げ面摩耗幅　0.7mm	鋳鉄、鋼などの一般切削
逃げ面摩耗幅　1〜1.2mm	普通鋳鉄などの粗削り
すくい面摩耗深さ	通常0.05〜0.1mm

表2-2　バイトの寿命評価基準の例

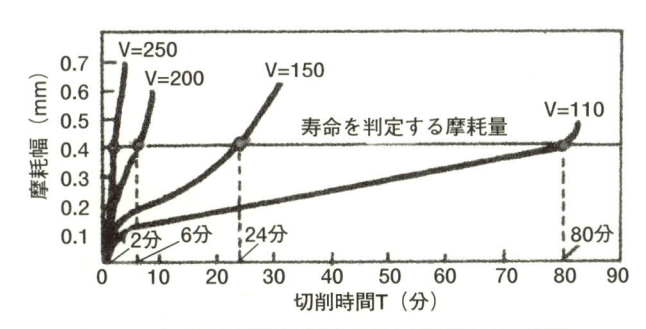

図2-33　逃げ面摩耗経過曲線に及ぼす切削速度の影響 (篠崎)

　図2-33は切削工具の逃げ面摩耗経過曲線に及ぼす切削速度（V:m/min）の影響です。切削速度を高くすると、工具摩耗が速く進行します。そのため逃げ面摩耗経過曲線の傾きは急になります。すなわち切削速度を高くすると、工具寿命が短くなり、切削工具を頻繁に再研削するか、あるいは交換する必要が生じます。

(3) 工具寿命方程式

　図2-34は、切削工具の逃げ面摩耗幅、0.4mmを工具寿命と判断した時の切削速度と工具寿命の関係です。切削速度（V）と工具寿命（T）のn乗の積は一定（定数：C）というもので、工具寿命方程式と呼ばれています。定数であるnとCは、工作物と工具の材質などにより決まります。

　表2-3に工作物と工具材質に対応した工具寿命方程式の定数の例を示します。おおむねn値は0.3～0.4となっています。またC値は工具寿命Tを1分間としたときの切削速度です。そのためC値が大きいほど、高速切削が可能です。この例ではセラミックス工具の切削速度が高いことがわかります。

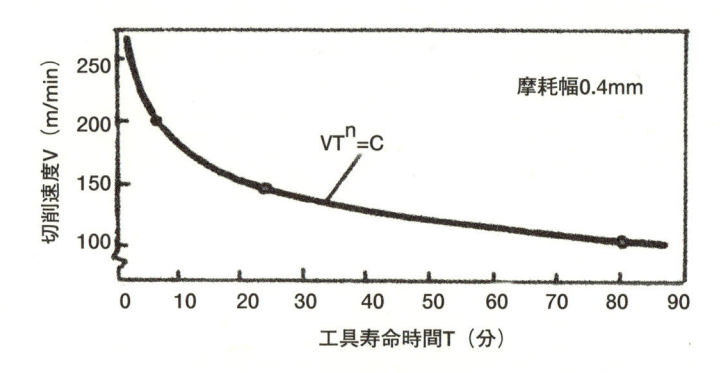

図2-34　工具寿命方程式　（篠崎）

工作物材質	工具材質	n値	C値
SS400	P10	0.3	800
S45C	コーティング	0.4	500
S45C	セラミック	0.65	1,800
FC250	M10	0.3	600
FC250	コーティング	0.4	800

表2-3　工具寿命方程式の定数の例　（佐藤、渡辺）

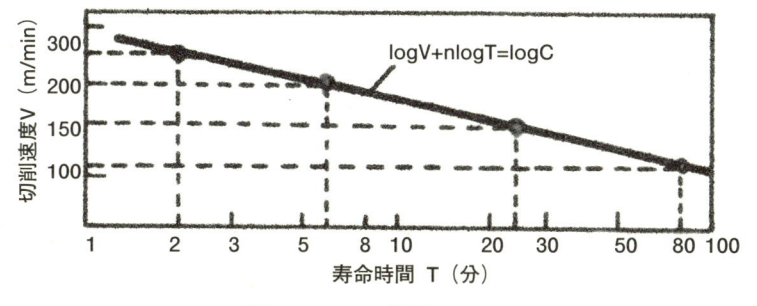

図2-35　V-T線図 （篠崎）

(4) V-T線図

　工具寿命方程式の両辺の対数をとり、それらの関係を両対数グラフにプロットしたのが切削速度（V）-工具寿命（T）線図で、通常、V-T線図と呼ばれています。

　図2-35にV-T線図を示します。工具メーカなどのホームページやカタログなどでよく見られるのがこのV-T線図です。たとえばこの場合、25分間削ったら工具交換するとすれば、切削速度は150m/minとなりますというような使い方をします。もし工具寿命を80分とすれば、110m/minになることがわかります。

　このような工作物と工具の材質に応じたV-T線図がデータベース化されているので、切削加工の自動化ができるわけです。もしこのようなデータベースがなければ、コンピュータがあっても切削加工の自動化はできません。

(5) 工具損傷

　切削工具で工作物を削ると、工具摩耗の他、**図2-36**に示すような工具損傷が生じます。境界摩耗は、逃げ面摩耗の境界部に発生する溝状の摩耗です。欠損は工具切れ刃の大きな欠けで、チッピングは小さな欠けです。また割損は、チップ全体の破壊で、フレーキング（剥離）は、工具面の鱗片状の損傷です。そして溶着は構成刃先のような物が工具面に付

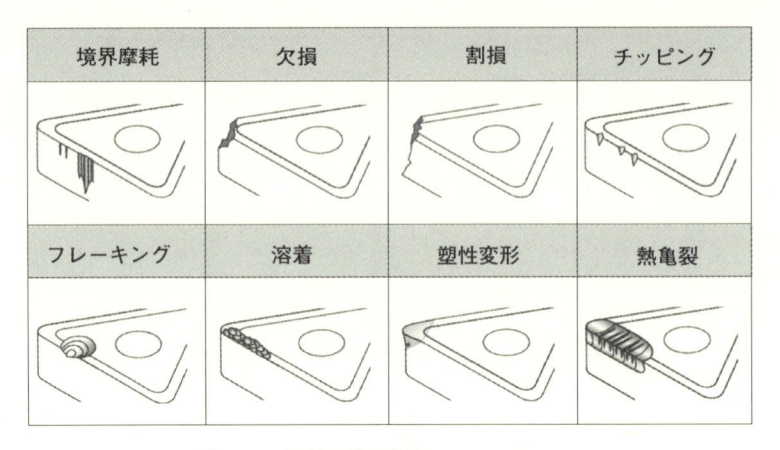

境界摩耗	欠損	割損	チッピング
フレーキング	溶着	塑性変形	熱亀裂

図2-36　切削工具の損傷（三菱マテリアル）

着したもの、塑性変形は切れ刃のだれ、そして熱亀裂（サーマルクラック）は切削熱により発生した亀裂です。このように工作物を工具で切削する場合には、いろいろな摩耗や損傷が生じます。

切削時にこのような現象が生じたら、工具材種を変えるか、あるいは加工条件を変更するなどの対策を立てる必要があります。

2-7 ● 表面粗さ

（1）最大高さ粗さ

切削工具で工作物を削ると、その仕上げ面に粗さが生じます。通常の機械加工では、機械部品の図面に所要の表面粗さが表記されます。

図2-37に粗さパラメータの最大高さ粗さを示します。図におけるRpは、粗さ曲線の最大山高さで、Rvはその最大谷深さです。そして最大高さ粗さRzは、Rp、Rvの和になります。そして山面積と谷面積の総和を基準長さで割った値を算術平均粗さRaといいます。

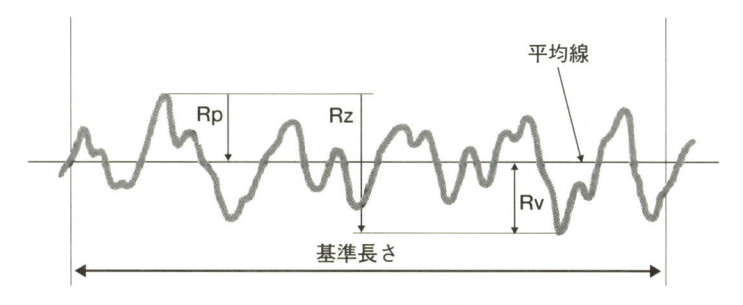

図2-37　最大高さ粗さ

（2）刃先形状と表面粗さ

　切削時の表面粗さは、切削工具の刃先形状の影響を受けます。**図2-38**に切削工具の刃先形状と表面粗さの関係を示します。この場合は、たとえ最大高さ粗さが同じでも、工作物の表面トポロジが異なります。通常の切削においては刃先の先端が鋭角だとチッピングが起きやすいので、図のように丸みを付けます。この丸み半径のことをノーズ半径とか、コーナ半径と呼んでいます。

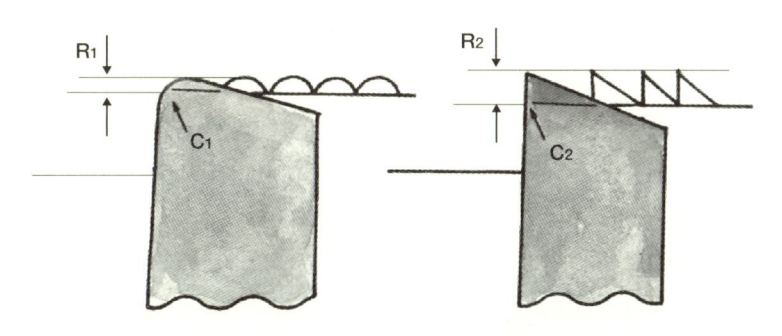

図2-38　切削工具の刃先形状と表面粗さ

構成刃先と表面粗さ
バイトに構成刃先が付着すると、表面粗さが大きくなります。

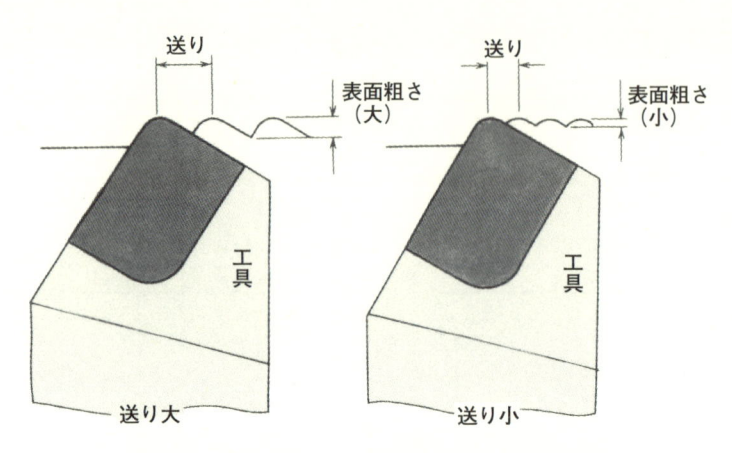

図2-39　切削工具のコーナ半径、送りと最大高さ粗さ

（3）バイトのコーナ半径、送りおよび表面粗さ

　旋削加工においては、バイトのコーナ半径と送りによって加工面の表面粗さがおおむね決まってしまいます。

　図2-39に切削工具のコーナ半径、送りおよび最大高さ粗さの関係を示します。図はコーナ半径が同じで、送りが異なる場合です。この場合は、送りが小さくなるほど、最大高さ粗さが小さくなります。また送りが同じ場合は、コーナ半径が大きくなるほど、最大高さ粗さは小さくなります。

　このように最大高さ粗さは、切削工具のコーナ半径と送りに依存し、その粗さは送りの二乗を8倍のコーナ半径で割った値となります。すなわち最大高さ粗さ＝（送り）×（送り）／（8×コーナ半径）です。そのため使用する切削工具のコーナ半径と送りがわかれば、最大高さ粗さの予測ができます。

（4）正面フライス削りと表面粗さ

　図2-40に正面フライス削りの場合の表面粗さを示します。この場合はチップにコーナ半径、Rが付いています。この時の表面粗さは、バイト

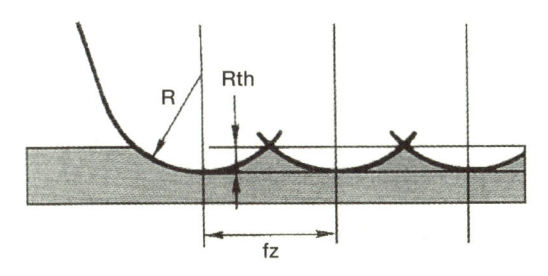

図2-40　正面フライス削り時の表面粗さ

の場合と同様ですが、送りが異なり、正面フライスの時は一刃あたりの送りfzとなります。

　フライス盤のテーブル送り速度は、刃あたりの送り、刃数および主軸回転数の積となります。そのため刃あたりの送りfzは、テーブル送り速度を刃数と主軸回転数の積で割った値となり、この値の二乗に表面粗さは比例します。

2-8●切りくず処理

（1）流れ形切りくずとチップブレーカ

　鋼材をバイトで旋削すると、流れ形の切りくずがでます。**図2-41**にそ

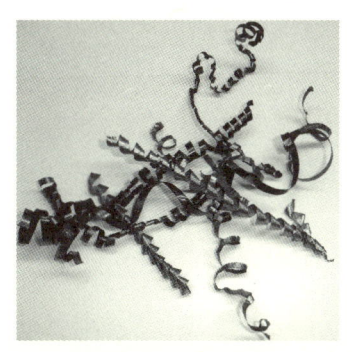

図2-41　鋼材旋削時の流れ形切りくずの例

問題点	障害
・切りくずの激しい飛散 ・加工物や工具への切りくずの巻きつき ・工具周辺への切りくずの集・堆(たい)積	・無人化、自動化への障害 ・多刃化、高速化、高能率化への障害 ・工作機械の精度への障害 ・製品品質への障害 ・作業者の安全への障害 ・工具寿命の低下 ・稼働率の低下

図2-42　切りくず処理の必要性（タンガロイ）

図2-43　スローアウェイチップに設けられたチップブレーカの例

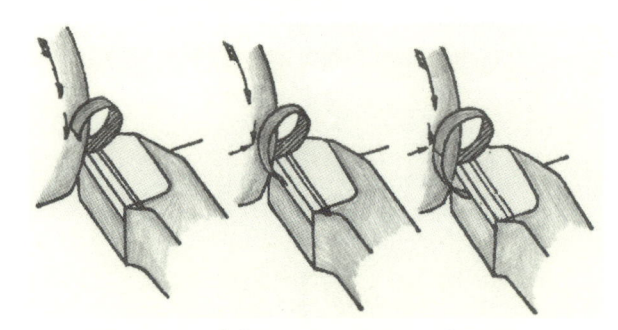

図2-44　チップブレーカによる切りくずの切断

　の切りくずの例を示します。

　鋼材の旋削時にこのような流れ形の長い切りくずがでると、**図2-42**に示すような問題点が生じ、安全性、稼働率および生産性などの面で障害

となります。

　たとえば切りくずがバイトに巻き付き、工具を損傷したり、あるいは工作物に巻き付いて仕上げ面に傷を付けたりします。そのため作業が不安全になったり、生産性の低下をまねきます。また旋削加工の自動化は非常に困難になります。そのため流れ形の長い切りくずを処理しやすいような適切な長さに切断することが重要になります。

　そのため図2-41に示した流れ形切りくずの切断を目的として、バイトの切れ刃に図2-43に示すようなチップブレーカが設けられています。

　図2-44にチップブレーカによる切りくず切断の様子を示します。旋削時に流れ形の切りくずはチップブレーカでカールされます。そしてカールした切りくずの先端がバイトの逃げ面や工作物と接触することにより、切りくずが切断されます。

（2）チップブレーカの種類

　図2-45にチップブレーカの形状の例を示します。チップの切れ刃に対

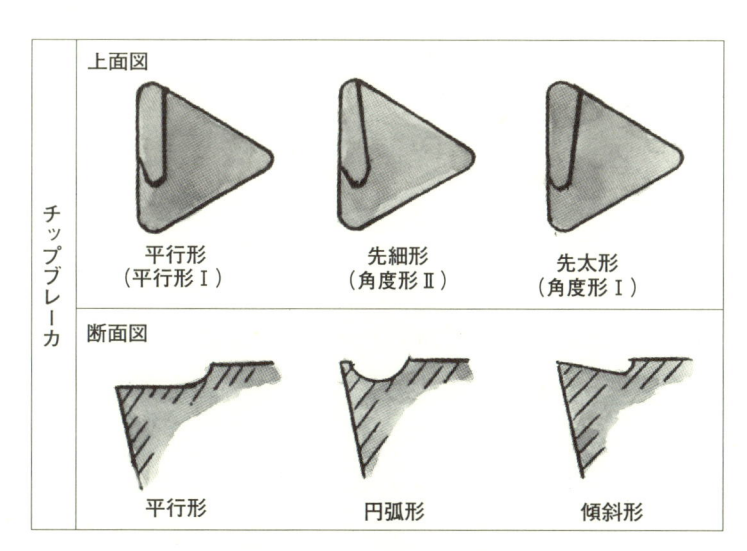

図2-45　チップブレーカの形状

チップブレーカ

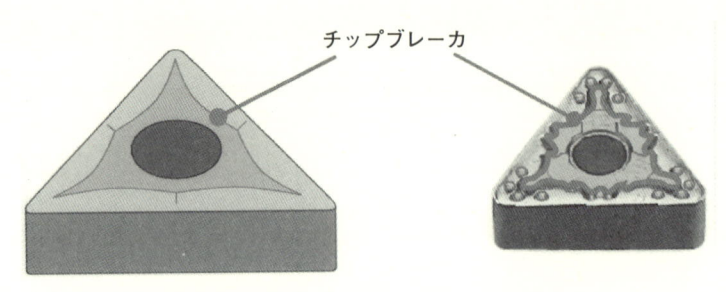

図2-46　スローアウェイチップのチップブレーカの例（三菱マテリアル）

研ぎ付け形　　　　　　　　モールデット形

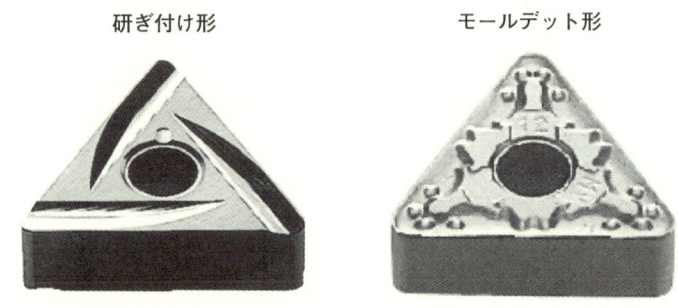

図2-47　チップブレーカの製造法による区分（三菱マテリアル）

し平行にチップブレーカを付ける場合が平行形、先端の幅が狭いものが先細形、そして先端の幅が広いものが先太形です。このようにチップブレーカの幅を変化することにより、切りくずの流出方向が異なります。先細形の場合は、バイトの逃げ面方向に切りくずが流出し、先太形の場合は工作物側に流出します。

　またチップブレーカの断面形状から、平行形、円弧形および傾斜形などに分けられます。チップブレーカの断面形状を変化することにより、切りくずのカールの仕方や流れる方向などが異なります。

　工作物の材質や切削条件などに応じて、いかに切りくずを適切に切断するかということは、自動化に際して非常に重要になります。そのため**図2-46**に示すような非常に複雑形状のチップブレーカも開発されています。

図2-47にスローアウェイチップのブレーカの製造法に基づく区分を示します。研ぎ付け形は、チップブレーカを研削により作ったものです。またモールデット形は研削によらず、型により粉末成形・焼結したものです。

このように自動化に際して切りくず処理は非常に重要です。またいろいろな材質の工作物や加工条件などに適用できる決定的なチップブレーカが開発されていないので、現在、非常に多くの種類のチップブレーカがあります。そのため作業目的に応じて、適切なチップブレーカを選択することが大切です。

(3) チップブレーカと切りくず形状

旋削において適切なチップブレーカを選択し、切りくず処理を適切に行うことは安全性を確保し、また生産性を上げる上で非常に大切です。また使用するチップブレーカに合った適切な加工条件を設定することも重要です。

図2-48に鋼材の旋削時に見られる各種切りくず形状を示します。チッ

区分	A形	B形	C形	D形	E形
切込み小 d>7mm		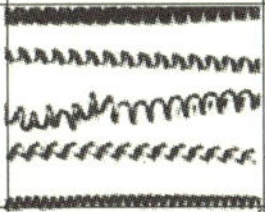	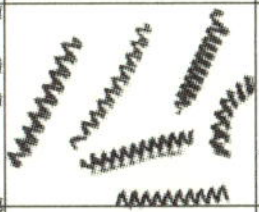		
切込み大 d=7〜15mm					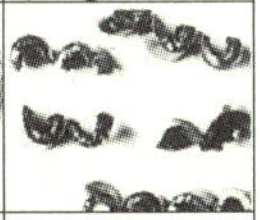
カール長さ l	カールしない	$l \geqq 50mm$	$l \leqq 50mm$ 1〜5巻	1巻前後	1巻以下半巻
備考	・不規則連続形状 ・工具、被削材などにからまる	・規則的連続形状 ・長く伸びる	良好	良好	・切りくず飛散 ・びびり発生 ・仕上げ面不良 ・工具負荷能力限界

図2-48　旋削時の各種切りくず形状 (三菱マテリアル)

分類	もつれ形	連続螺旋形	短螺旋形 9字形	C字形	U字形	破片形 連続U字形
切りくず形状模式図				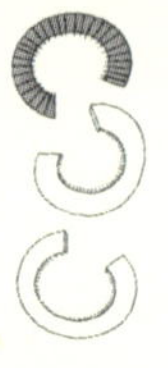		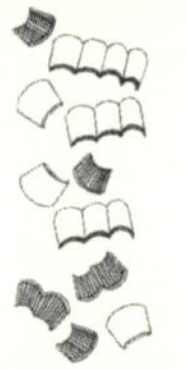
作業の影響と好ましい範囲	加工物や工具に絡みつき作業に障害。切りくずは嵩ばる	途切れなく連続し作業に障害	無理のない切りくず	最も良く見られる切りくず形状	嵩ばらない切りくず	激しく飛散する。連続するものは振動を伴い、工具寿命にも悪影響
			←―――好ましい範囲―――→			
ブレーキング作用	弱い ←―――――――――――――→ 強い					
ブレーカ幅	広い ←―――――――――――――→ 狭い					
ブレーカ深さ	浅い ←―――――――――――――→ 深い					
送り	小さい ←―――――――――――――→ 大きい					

図2-49　平行形チップブレーカと切りくず形状（タンガロイ）

プブレーカが全く効いていない場合は、A形のような長い不規則形状の切りくずとなります。この場合は切りくずが切削工具や工作物にからまり、工具の破損や工作物の損傷など、多くの不都合を生じます。またチップブレーカの効き方が弱い場合は、カールした長い連続形状の切りくずとなります。このような切りくずの場合はかさばるとともに、その排出がしにくくなります。そのため通常は、C形やD形のような1巻きから10巻き程度の切りくずが適切とされています。

　またE形はチップブレーカが効き過ぎている場合です。この場合は、切りくずが遠くに飛散し、びびりの発生、仕上げ面の悪化および工具の損傷などの不都合を生じます。

　図2-49に平行形チップブレーカと切りくず形状を示します。チップブ

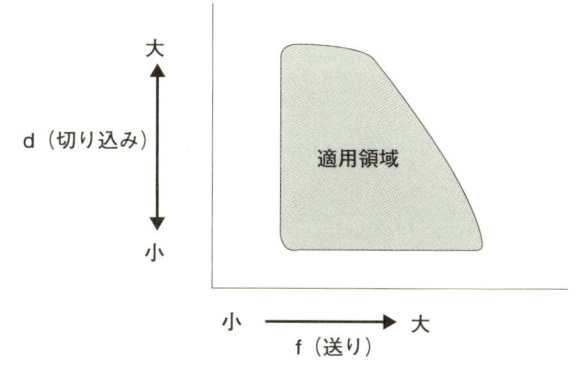

図2-50　切りくず処理とd-f図

レーカの効きが弱い場合はもつれ形となり、効き過ぎる場合は破片形になります。このようなチップブレーカの作用の仕方には、ブレーカ幅と深さ、そして旋削時のバイトの送りが影響します。チップブレーカの幅が広く、またその深さが小さく、そしてバイトの送りが小さい場合は、ブレーカの作用が弱くなります。

　また反対にブレーカの幅が狭く、またその深さが大きく、そしてバイトの送りが大きい場合は、ブレーカの作用が大きくなります。そのため作業目的に応じて、適切なチップブレーカを選択し、適切な加工条件を設定することが、良好な旋削加工を行う上で重要になります。

　前述のように、現在、非常に多くのチップブレーカが開発され、市販されているので、所要の切削条件で、すべての切りくず処理が上手に行えるというわけではありません。そのため日頃より、各種チップブレーカに応じて切りくず処理が適切に行える加工条件をデータベース化しておくと便利です。

　図2-50に切りくず処理が適切に行えるd（切り込み）-f（送り）図の例を示します。送りが非常に小さい場合は、切りくずは切断できません。また送りが大きすぎても、切りくずが破片形となり不都合が生じます。そして適用領域が切りくず処理を適切に行える領域となります。この切

りくず処理の適用領域は、工作物の材質やチップブレーカの種類などにより異なりますので、注意する必要があります。

(4) 切りくずの切断方法

図2-51に切りくずの切断方法を示します。前述のように旋削加工の自動化に際して、切りくず処理は非常に重要な問題なので、チップブレーカの開発のみならず、多くの方法が検討されています。脆性元素を添加した快削鋼や振動切削などの開発が現在も行われています。

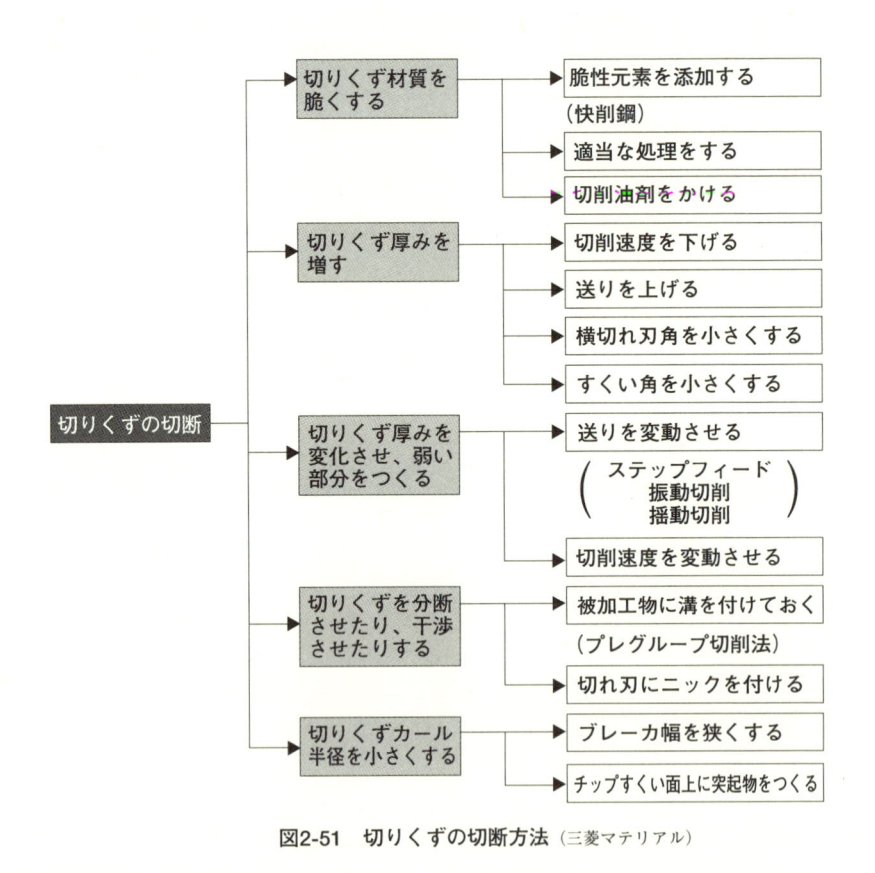

```
切りくずの切断
├─ 切りくず材質を脆くする
│   ├─ 脆性元素を添加する（快削鋼）
│   ├─ 適当な処理をする
│   └─ 切削油剤をかける
├─ 切りくず厚みを増す
│   ├─ 切削速度を下げる
│   ├─ 送りを上げる
│   ├─ 横切れ刃角を小さくする
│   └─ すくい角を小さくする
├─ 切りくず厚みを変化させ、弱い部分をつくる
│   ├─ 送りを変動させる
│   │   （ステップフィード
│   │    振動切削
│   │    揺動切削）
│   └─ 切削速度を変動させる
├─ 切りくずを分断させたり、干渉させたりする
│   ├─ 被加工物に溝を付けておく（プレグループ切削法）
│   └─ 切れ刃にニックを付ける
└─ 切りくずカール半径を小さくする
    ├─ ブレーカ幅を狭くする
    └─ チップすくい面上に突起物をつくる
```

図2-51　切りくずの切断方法 (三菱マテリアル)

第3章

知っておきたい工具材料の基礎知識

　古代から工具材料は石、銅および鉄と進化を続け、生産性の向上をもたらしました。現在、切削工具は、非常な高温・高圧下という極限状態で使用されるので、工具材料の開発は最先端技術です。そして多くの種類の材料が開発されています。そのため切削加工を上手に行うには、この工具材料のことをよく理解しておくことが大切です。

3-1 ● 工具材料の変遷

(1) 古代の工具材料

　人類の繁栄は道具を作り、それを上手に生活に活かしてきたことです。

　石器時代には**図3-1**に示すような打製石器を使っていました。博物館でよく見かけるもので、やじりや斧などがあります。古代ガラスと言われる黒曜石を石で破砕すると鋭利な切れ刃が生じます。これを砕石刃と呼んでいます。そしてこれを弓矢の先に付けたり、木の棒に埋め込むと、鋭い刃物になります。

　古代には、**図3-2**に示すように木器や石器を上手に使って、生活を営んでいました。このような人類の歴史の中で、画期的な変化をもたらしたのが、火を使うことを覚えたことと金属の発見です。

図3-1　打製石器（三菱マテリアル）

図3-2　人間生活と石器（三菱マテリアル）

青銅（ブロンズ）を鋳込む技術は、紀元前3500年～3000年頃に、ユーフラテス河の上流で開発されたといわれています。図3-3は青銅の扉を鋳込む古代エジプト人です。このような金属の発見により、人間の生活は急激に進歩しました。

　図3-4は古代の銅器の例です。石器に代わる銅器の使用によって、人間の生活はより豊かになりました。金属の発見が文明の始まりといえます。

図3-3　青銅の扉を鋳込む古代エジプト人
（H-Wubbenhorst「5000 Jahre Gieben von Metallen」より）

図3-4　古代の銅器の例 (三菱マテリアル)

図3-5　たたら製鉄の絵 (松本春々筆：玉鋼縁起絵巻より)

　青銅の鋳造技術の開発とともに、紀元前2000年頃にヒッタイト人が製鉄技術を開発したといわれています。ヒッタイトは鉄の王国といわれ、トルコ共和国のハットゥシャは世界遺産になっています。
　このような青銅や製鉄技術が中国や朝鮮半島を経由して日本に伝播しました。出雲の神庭荒神谷遺跡や加茂岩倉遺跡の銅剣、銅矛および銅鐸などが有名です。**図3-5**に示す古代製鉄の「たたら」もよく知られています。玉鋼は日本刀を作るのに欠くことのできない材料です。このように人類の繁栄とともに、工具は石器、銅器および鉄器というように進化し、現在に至っています。

(2) 近代の工具材料

　古代の鉄の王国、ヒッタイトでも明らかなように、「材料を制するものは、技術を制する」といわれています。工具材料についても同様です。
　産業革命が起こった1800年代は、炭素工具鋼が主流で、切削速度は約10m/minでした。すなわち鉄で鉄を削る時代です。そして1898年にテーラーが18-4-1合金として有名な高速度工具鋼2種を開発しました。すなわちタングステンが18％、クロムが4％、そしてバナジウムが1％の合金です（**図3-6**）。

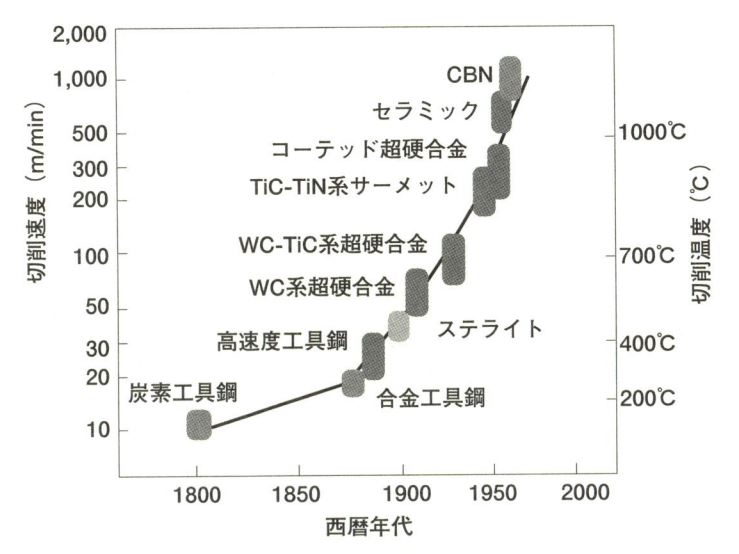

図3-6 切削工具材料の変遷 (野村)

　この高速度工具鋼の開発により、切削速度が20～30m/minと上昇し、生産性が非常に向上しました。当時としては、高速度工具鋼は非常に画期的な材料といえます。

　その後、1925年にドイツのクルップ社から「ウイディア」という商品名で、炭化タングステンとコバルトの合金である超硬合金が市販されました。そして切削速度が約50～70m/minとなり、また生産性が向上しました。

　1935年には、当時のソ連でアルミナを主成分とするセラミック工具が開発され、切削速度が約500m/minを超えるような高速になりました。その後、1970年代にCBN焼結体工具がGE社で開発され、市販されました。その結果、切削速度は非常に高く1000m/minを超えるようになりました。

　このように切削工具材料の開発は先端技術で、その歴史を見てみると、当時の主要国がどこかよくわかります。このことからも「材料を制するものは、技術を制する」といえます。

3-2 ● 工具材料の特性と分類

(1) 必要とされる特性

図3-7に切削工具が具備すべき特性を示します。また図3-8は理想的な工具材料のイメージです。

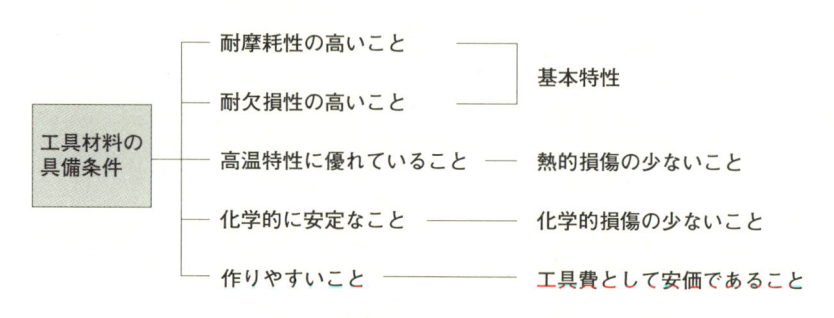

```
                    ┌─ 耐摩耗性の高いこと ──────┐
                    │                          ├─ 基本特性
                    ├─ 耐欠損性の高いこと ──────┘
工具材料の          │
具備条件   ─────────┼─ 高温特性に優れていること ── 熱的損傷の少ないこと
                    │
                    ├─ 化学的に安定なこと ──────── 化学的損傷の少ないこと
                    │
                    └─ 作りやすいこと ──────────── 工具費として安価であること
```

図3-7 切削工具の具備すべき条件

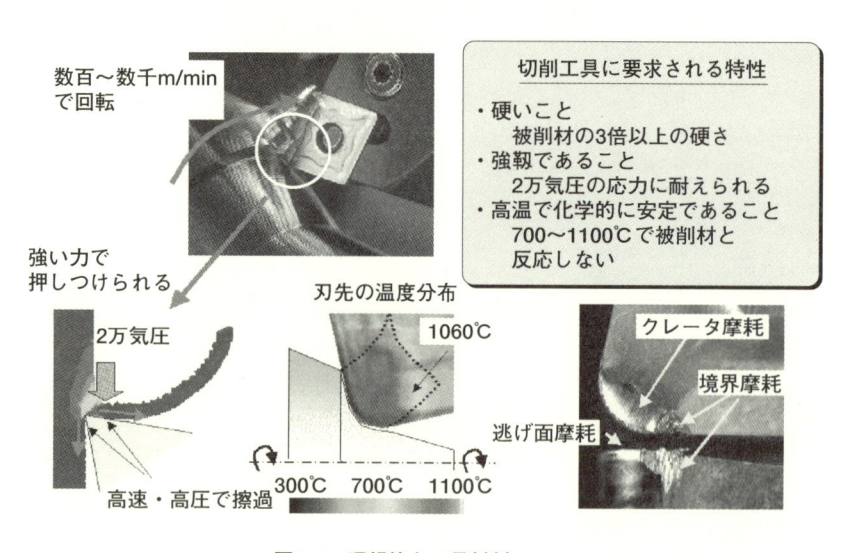

数百〜数千m/min で回転

強い力で押しつけられる
2万気圧

高速・高圧で擦過
刃先の温度分布
1060℃
300℃ 700℃ 1100℃

クレータ摩耗
境界摩耗
逃げ面摩耗

切削工具に要求される特性
・硬いこと
　被削材の3倍以上の硬さ
・強靭であること
　2万気圧の応力に耐えられる
・高温で化学的に安定であること
　700〜1100℃で被削材と反応しない

図3-8 理想的な工具材料 (野村)

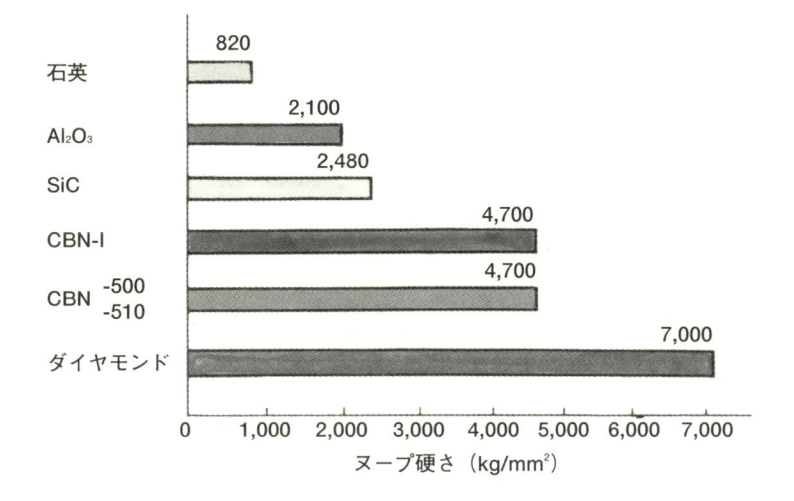

```
石英        820
Al₂O₃       2,100
SiC         2,480
CBN-I       4,700
CBN -500
    -510    4,700
ダイヤモンド  7,000
```

図3-9　各種工具材料の硬さ

　切削工具としては、何よりもまず硬いことが条件で工作物の3倍以上の硬さが必要です。**図3-9**に各種工具材料の硬さを示します。

　図より明らかなように、常温の硬さという点では、ダイヤモンド、CBN（立方晶窒化ホウ素）およびアルミナなどが優れています。

　表3-1に各種硬質材料の特性を示します。硬質材料の多くは、炭化物、窒化物および酸化物です。

　通常、ダイヤモンドやCBNは焼結体工具として、また窒化ケイ素やアルミナはセラミックス工具として使用されます。そして炭化チタン、炭化タンタルおよび炭化タングステンは超硬合金やコーティングとして利用されています。

　また切削時には切削工具の刃先は非常な高温・高圧にさらされるので、強靭であることも条件となります。そして通常、切削温度は約700～1100℃になるので、工作物と反応しないような化学的な高温安定性が必要とされます。また刃先の融点や軟化温度が高いこと、熱伝導度が大きいことそして作りやすいことも大切です。

硬質物質	硬さ(Hv)	生成自由エネルギー(kcal/g-atom)	鉄への溶解量(% 1250℃)	熱伝導率(W/m・k)	熱膨張係数※(×10⁻⁶/k)	適用工具材料
ダイヤモンド(C)	>9,000	-	易反応	2,100	3.1	ダイヤモンド焼結体
立方晶窒化素硼素(CBN)	>4,500	-	-	1,300	4.7	CBN焼結体
窒化珪素(Si_3N_4)	1,600	-	-	100	3.4	セラミックス
酸化アルミニウム(Al_2O_3)	2,100	-100	≒0	29	7.8	セラミックスコーティング
炭化チタン(TiC)	3,200	-35	<0.5	21	7.4	サーメットコーティング超硬合金
窒化チタン(TiN)	2,500	-50	-	29	9.4	サーメットコーティング
炭化タンタル(TaC)	1,800	-40	0.5	21	6.3	超硬合金
炭化タングステン(WC)	2,100	-10	7	121	5.2	超硬合金

※1W/m・K=2.39×10⁻³cal/cm・sec・℃

表3-1　各種硬質材料の特性（三菱マテリアル）

　図3-10よりわかるように、高温硬さという点では、CBNが最も優れており、常温で最も硬かったダイヤモンドは600℃を超えると硬さが急激に低下します。そのためCBN焼結体は鋼材の切削に、またダイヤモンド焼結体は切削温度があまり上がらない非鉄、非金属の切削に用いられます。

切削工具のシャープさ

切削工具のシャープさは、工具材料の結晶粒の大きさに依存します。
結晶粒を小さくすることにより、刃先をシャープにすることができます。

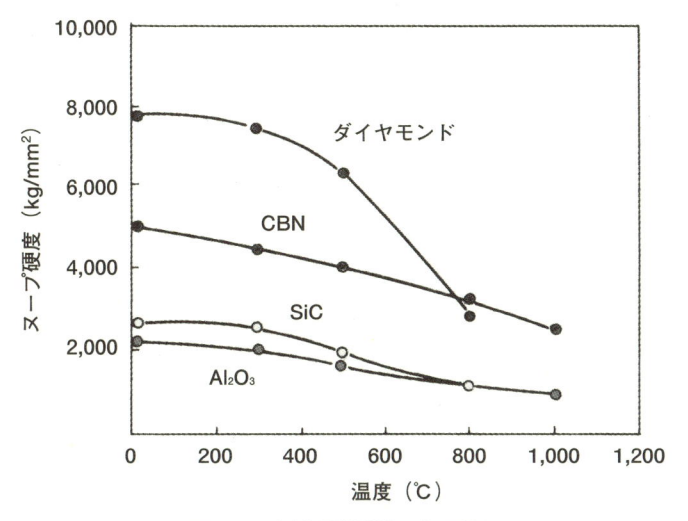

図3-10　各種硬質材料の高温硬さ

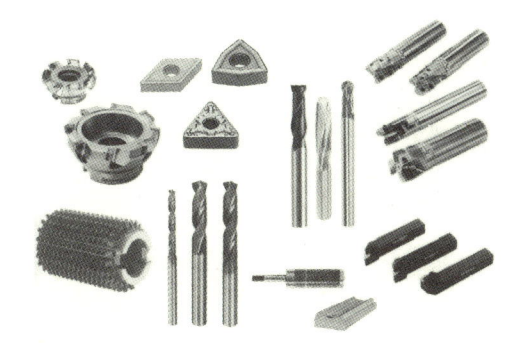

図3-11　現在使用されている切削工具の例（三菱マテリアル）

(2) 工具材料の分類

　現在は、その用途に応じて非常に多くの切削工具が使用されています。**図3-11**にその例を示します。単刃工具や多刃工具、そして工具材質などの組み合わせにより、その種類は非常に多くなります。
　そこで切削工具材料を製造方法で分類すると**図3-12**に示すように、天然と合成、焼結、鋳造と鍛造および表面硬化になります。また材質で区

```
製造法        属性          通称         特性

         ┌ 天然  ─── 非金属性 ─── ダイヤモンド
         │ 合成                  ダイヤモンド
         │        ┌── 非金属性 ─┬ CBN
         │        │             └ セラミックス
         ├ 焼結 ──┤
         │        │             ┌ コーテッド品
         │        │             │ サーメット
切削     │        └── 金属性 ───┤
工具     │                      │ 超硬合金
材料     │                      └ 高速度鋼
         │
         │ 鍛造
         ├ 鋳造 ─── 金属性 ──── 高速度鋼
         │
         │                      炭素鋼
         │
         │                      ┌ 盛金法
         │                      │
         │                      │ 溶射法
         │        金属および    │
         └ 表面硬化 非金属性 ───┤ 電気、
                                │ 化学的方法
                                │
                                └ その他
```

図3-12　切削工具材料の分類

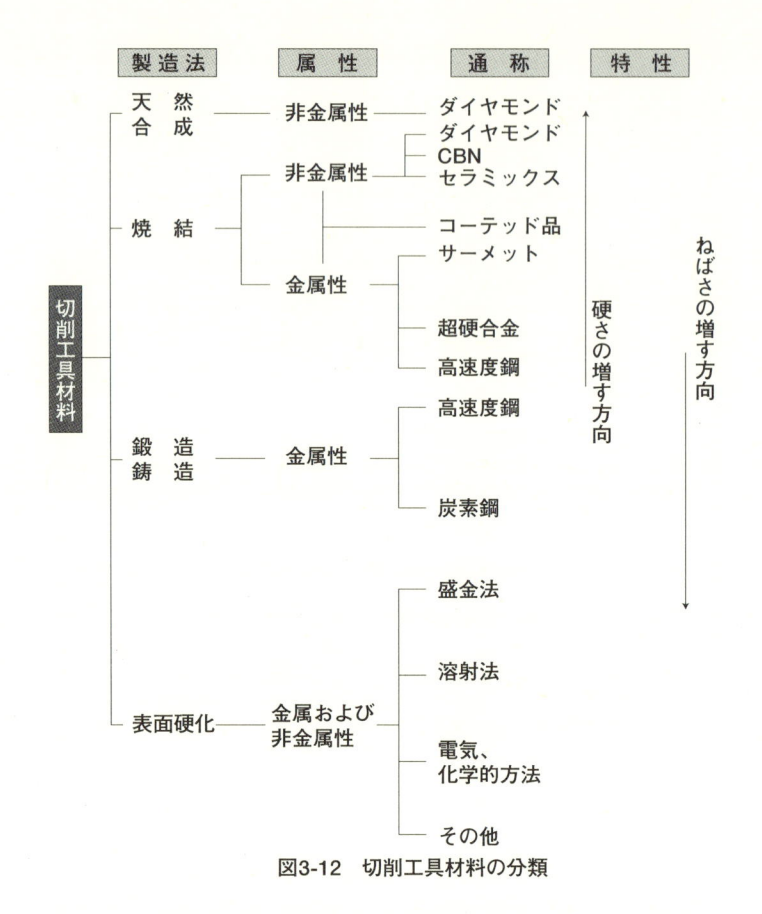

分すると、金属性と非金属性になります。現在、粉末冶金技術による焼結は切削工具の主流を占めており、またコーティングと複合した表面硬化も、多くの工具に適用されています。

(3) 工具材料の位置づけとその記号

図3-13に工具材料の位置づけを示します。工具材料を特徴づける機械的特性に硬さと靱性があります。ここで靱性とは、工具材料の強靱さで、通常、抗折力で測定されます。硬さは耐摩耗性に対応し、通常、硬い工具材料ほど高速切削が可能です。また靱性は耐衝撃性（耐欠損性）に対

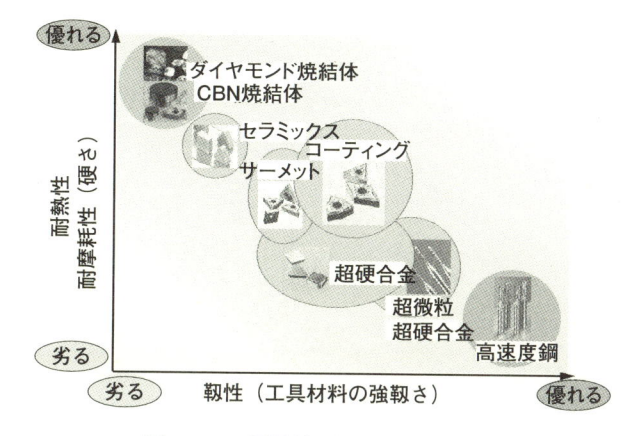

図3-13 工具材料の位置づけ (野村)

材料記号	超硬質合金の分類
HW	金属および硬質の金属化合物からなり、その硬質相中の主成分が炭化タングステンであるものとする。一般に超硬合金という
HT	金属および硬質の金属化合物からなり、その硬質相中の主成分がチタン、タンタル（ニオブ）の、炭化物、炭窒化物および窒化物であって、炭化タングステンの成分が少ないものとする。一般にサーメットという
HF	金属および硬質の金属化合物からなり、その硬質相中の主成分が炭化タングステンであり、硬質相粒の平均粒径が1μm以下であるものとする。一般に超微粒子超硬合金という
HC	上記超硬質合金の表面に炭化物、窒化物、炭窒化物（炭化チタン・窒化チタンなど）、酸化物（酸化アルミニウムなど）などを、1層または多層に化学的または物理的に密着させたものとする

表3-2 超硬質合金の分類 (JIS B4053)

応し、靱性の高い材料ほど、断続切削が可能となります。

　硬さの大きいダイヤモンドやCBN焼結体は、高速切削が可能ですが、靱性が低いので、衝撃に弱いという特性があります。また硬さの小さな高速度工具鋼は高速切削はできませんが、靱性が高いので断続切削に強いという特性があります。そのため作業目的に応じて工具材料を選択する場合には、このような特性をよく理解しておくことが大切です。

　表3-2にJIS B4053で規定された超硬質合金の材料記号とその分類を示

材料記号	セラミックスの分類
CA	酸化物セラミックスからなり、その主成分が酸化アルミニウム（Al_2O_3）であるものとする
CM	酸化物以外の成分を含んだセラミックスからなり、その主成分が酸化アルミニウム（Al_2O_3）であるものとする
CN	窒化物セラミックスからなり、その主成分が窒化けい素（Si_3N_4）であるものとする
CC	上記セラミックスの表面に炭化物、窒化物、炭窒化物（炭化チタン・窒化チタンなど）、酸化物（酸化アルミニウムなど）などを、1層または多層に化学的または物理的に密着させたものとする

表3-3　セラミックスの分類（JIS B4053）

材料記号	ダイヤモンドの分類
DP	主成分が多結晶性ダイヤモンドであるものとする

表3-4　ダイヤモンド（JIS B4053）

材料記号	窒化ホウ素の分類
BN	主成分が多結晶性窒化ホウ素であるものとする

表3-5　窒化ホウ素（JIS B4053）

します。超硬質合金は、超硬合金（HW）、サーメット（HT）、超微粒子超硬合金（HF）およびコーティング（HC）に区分されています。超硬合金は炭化タングステンを主成分とするもので、サーメットは炭化タングステンの成分が少ないものです。また微粒子超硬合金は主成分が炭化タングステンで、平均粒径が1μm以下のものをいいます。そしてコーティング超硬質合金は、合金表面に窒化物、炭化物および酸化物を1層または多層に化学的（CVD）または物理的（PVD）にコーティングしたものです。

　表3-3にセラミックスの材料記号とその分類を示します。材料記号のCAは酸化アルミニウムを主成分とするセラミックスで、CMはCAに酸化物以外の成分を含むものです。またCNは、窒化ケイ素を主成分と

するセラミックスで、ＣＣは上記セラミックスにコーティングを施したものです。

表3-4はダイヤモンドの材料記号とその分類です。焼結ダイヤモンドは、その材料記号がＤＰで、主成分が多結晶性ダイヤモンドのものと定義されています。

表3-5は窒化ホウ素の材料記号とその分類です。ＣＢＮ焼結体は、その材料記号がＢＮで、主成分が多結晶性窒化ホウ素であるものと定義されています。

3-3●工具材料の種類

（1）高速度工具鋼

高速度工具鋼は、1898年にテーラーにより開発されたもので、18-4-1合金と呼ばれています。タングステンが18％、クロムが４％、そしてバナジウムが１％の合金で、高速度工具鋼の２種です。

図3-14に高速度工具鋼製の切削工具の例を示します。**図3-13**に示したように高速度工具鋼は硬さが小さいので高速切削はできません。しかし靱性に富んでいるので、断続切削にも適用が可能です。そのためエンドミル、ドリル、タップおよびリーマなど、多くの切削工具に用いられています。

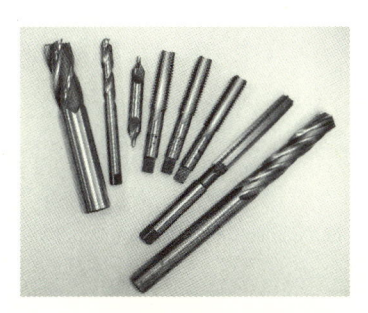

図3-14　高速度工具鋼製の切削工具の例

表3-6にJIS G 4403で規定された高速度工具鋼の鋼種記号、その化学成分および用途例を示します。表においてSKH2～SKH10までは、タングステンの含有量が多く、そしてモリブデンは含まれていません。そのた

(単位 %)

種類の記号	化学成分(¹)(²)										用途例(参考)
	C	Si	Mn	P	S	Cr	Mo	W	V	Co	
SKH 2	0.73～0.83	0.45以下	0.40以下	0.030以下	0.030以下	3.80～4.50	-	17.20～18.70	1.00～1.20	-	一般切削用 その他各種工具
SKH 3	0.73～0.83	0.45以下	0.40以下	0.030以下	0.030以下	3.80～4.50	-	17.00～19.00	0.80～1.20	4.50～5.50	高速重切削用 その他各種工具
SKH 4	0.73～0.83	0.45以下	0.40以下	0.030以下	0.030以下	3.80～4.50	-	17.00～19.00	1.00～1.50	9.00～11.00	難削材切削用 その他各種工具
SKH 10	1.45～1.60	0.45以下	0.40以下	0.030以下	0.030以下	3.80～4.50	-	11.50～13.50	4.20～5.20	4.20～5.20	高難削材切削用 その他各種工具
SKH 40	1.23～1.33	0.45以下	0.40以下	0.030以下	0.030以下	3.80～4.50	4.70～5.30	5.70～6.70	2.70～3.20	8.00～8.80	硬さ、靱性、耐摩耗性を必要とする一般切削用、その他各種工具
SKH 50	0.77～0.87	0.70以下	0.45以下	0.030以下	0.030以下	3.50～4.50	8.00～9.00	1.40～2.00	1.00～1.40	-	靱性を必要とする一般切削用 その他各種工具
SKH 51	0.80～0.88	0.45以下	0.40以下	0.030以下	0.030以下	3.80～4.50	4.70～5.20	5.90～6.70	1.70～2.10		
SKH 52	1.00～1.10	0.45以下	0.40以下	0.030以下	0.030以下	3.80～4.50	5.50～6.50	5.90～6.70	2.30～2.60	-	比較的靱性を必要とする高硬度材切削用、その他各種工具
SKH 53	1.15～1.25	0.45以下	0.40以下	0.030以下	0.030以下	3.80～4.50	4.70～5.20	5.90～6.70	2.70～3.20	-	
SKH 54	1.25～1.40	0.45以下	0.40以下	0.030以下	0.030以下	3.80～4.50	4.20～5.20	5.20～6.70	3.70～4.20		高難削材切削用、その他各種工具
SKH 55	0.87～0.95	0.45以下	0.40以下	0.030以下	0.030以下	3.80～4.50	4.70～5.20	5.90～6.70	1.70～2.10	4.50～5.00	比較的靱性を必要とする高速重切削用、その他各種工具
SKH 56	0.85～0.95	0.45以下	0.40以下	0.030以下	0.030以下	3.80～4.50	4.70～5.20	5.90～6.70	1.70～2.10	7.00～9.00	
SKH 57	1.20～1.35	0.45以下	0.40以下	0.030以下	0.030以下	3.80～4.50	3.20～3.90	9.00～10.00	3.00～3.50	9.50～10.50	高難削材切削用、その他各種工具
SKH 58	0.95～1.05	0.70以下	0.40以下	0.030以下	0.030以下	3.50～4.50	8.20～9.20	1.50～2.10	1.70～2.20		靱性を必要とする一般切削用 その他各種工具
SKH 59	1.05～1.15	0.70以下	0.40以下	0.030以下	0.030以下	3.50～4.50	9.00～10.00	1.20～1.90	0.90～1.30	7.50～8.50	比較的靱性を必要とする高速重切削用、その他各種工具

注(¹) 規定のない元素は、受渡当事者間の協定がない限り、溶鋼を仕上げる目的以外に意図的に添加してはならない
(²) 各種類とも不純物としてCuは0.25%を超えてはならない

表3-6 高速度工具鋼の種類の記号、化学成分および用途例 (JIS G 4403)

めこれらの高速度工具鋼をタングステン系高速度工具鋼と呼んでいます。そしてSKH40〜SKH59までは、タングステンの含有量が減少し、モリブデンの量が多くなっています。そのためこれらの高速度工具鋼をモリブデン系高速度工具鋼と呼んでいます。

開発の当初は、タングステン系高速度工具鋼が主でしたが、タングステンは、レアメタルでその産地が偏在しており、その価格が大きく変動するという問題がありました。

そこでタングステンの使用量を軽減するための研究がなされ、モリブデンの1が、ほぼタングステンの2に該当することがわかりました。そのため現在は、タングステン系に代わり、モリブデン系の高速度工具鋼が多く使用されるようになっています。

また表中のSKH40は粉末冶金工程モリブデン系高速度工具鋼です。通常、粉末ハイスと呼ばれています。

図3-15に溶解ハイスと粉末ハイスの製造方法の比較を示します。溶解

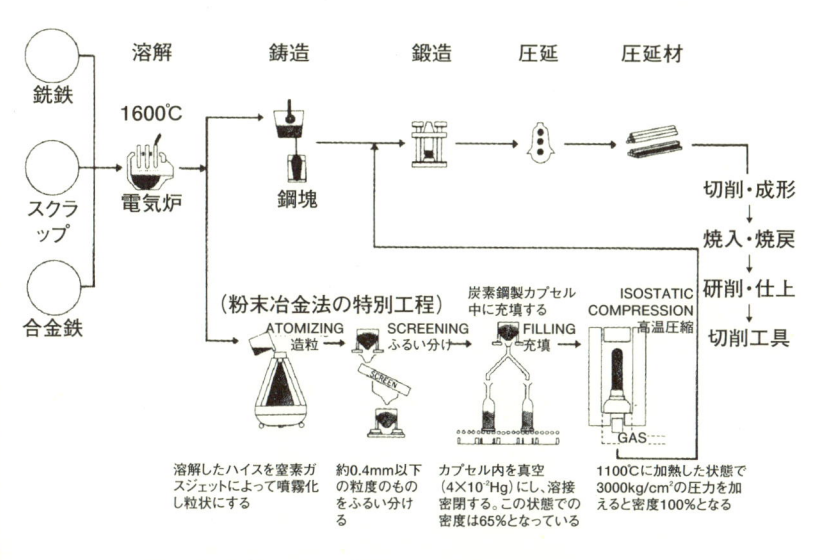

図3-15　溶解ハイスと粉末ハイスの製造方法（オーエスジー）

| 溶解ハイス | 粉末ハイス |

図3-16　溶解ハイスと粉末ハイスの組織 (不二越)

　ハイスは原料を溶解し、鋳造、鍛造および圧延工程を経て、素材を作成し、その素材を機械加工によって切削工具に仕上げます。それに対し、粉末ハイスは熔解した原料を窒素ガス中で噴霧化、球状化します。そして微粉の素材を金型に充填し、熱間静水圧プレスにより、HIP処理を行います。その後、圧延し機械加工して切削工具を製造します。

　図3-16に溶解ハイス（高速度工具鋼）と粉末ハイスの組織を示します。粉末ハイスの場合は結晶粒が小さく、均一な組織なので靱性が高くなっています。また結晶粒が小さいので、刃先を鋭利にできます。そして多量の合金元素が添加できるので、耐摩耗性や耐衝撃性に富んだ切削工具の製造が可能です。

（2）超硬合金

　超硬合金は、1927年にドイツのクルップ社から「ウイディア」という商品名で市販されました。これは炭化タングステンをコバルトで焼結した合金で、現在のK種です。商品名よりわかるように、ダイヤモンドのように硬い材料の意なので、高速度工具鋼と比較して、切削速度を高くすることができるようになりました。

　図3-17に各種超硬合金製切削工具の例を示します。単刃工具であるバイト、多刃工具である正面フライスやエンドミルなど、多くの種類があります。

　このような超硬合金は、**図3-18**に示す製造プロセスにより作られます。原料である炭化タングステンや炭化チタンと金属粉末であるコバルトな

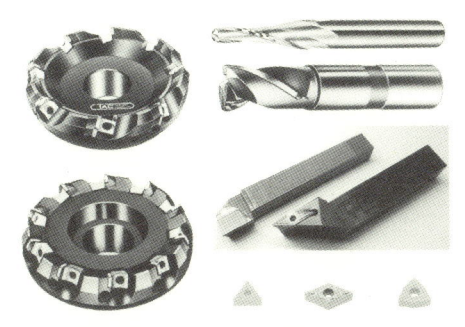

図3-17　各種超硬合金製切削工具

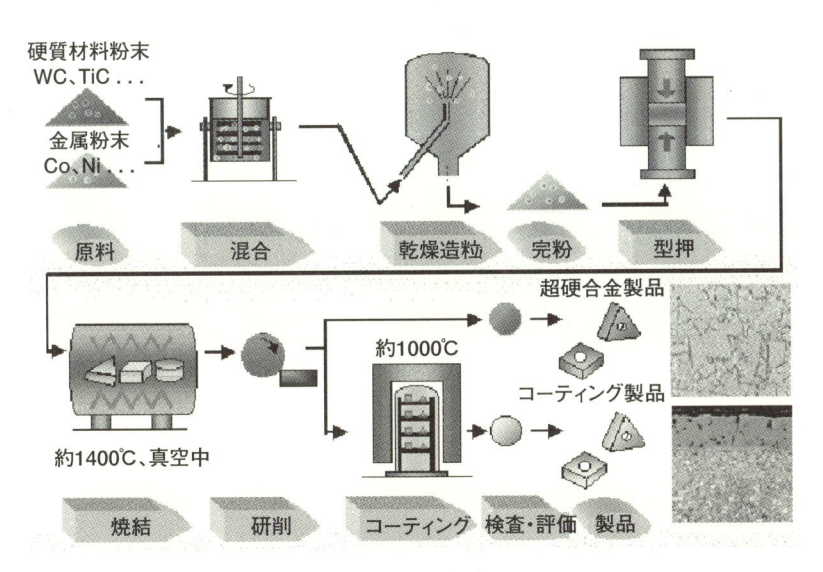

図3-18　超硬合金の製造プロセス（野村）

どをよく混合します。そして霧吹きと同様のドライスプレー法により乾燥、造粒します。この方法によると、水滴が丸くなるように、表面張力で球状の完粉ができます。球状完粉なので金型に充填する場合、均一に分散しやすくなります。そして所要の圧力で成形し、約1400℃の温度で、真空焼結します。次に研削加工を施し、仕上げを行います。場合によっては、化学蒸着によりコーティングを行います。

図3-19　上から超硬合金のP種、M種およびK種

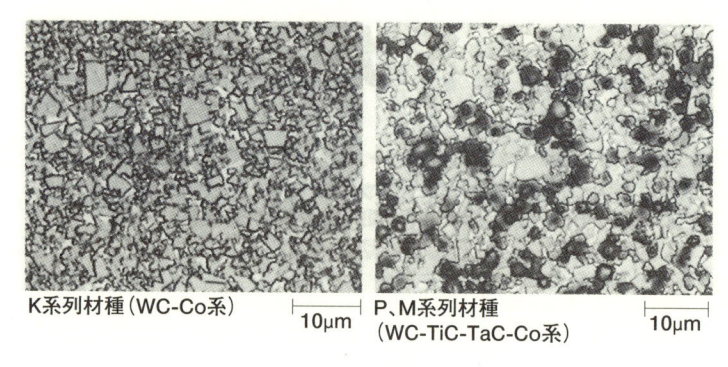

K系列材種（WC-Co系）　10μm　　P、M系列材種（WC-TiC-TaC-Co系）　10μm

図3-20　各種超硬合金の組織写真 （三菱マテリアル）

　また一口に超硬合金といっても多くの材種があります。超硬合金を大分類すると、P種、M種およびK種になります。

　図3-19にろう付け超硬バイトのP種、M種およびK種を示します。バイトのシャンクに塗布された色を見ると、P種は青色、M種は黄色そしてK種は赤色となっています。超硬合金のP種とM種は、炭化タングステン、炭化チタンおよび炭化タンタルをコバルトで固めたもので、またK種は炭化タングステンをコバルトで固めたものです。

　図3-20に超硬合金P/M種とK種の組織写真を示します。一口に超硬合金といっても、P/M種とK種とでは組織が顕著に異なり、機械的特性も違います。そのため切削作業の目的に応じてこれら超硬合金のP種、M

用途別類	合金成分	合金的特徴	被削材の切削抵抗切りくずの状態	主な適応被削材
P	WC-TiC-TaC-Co	耐熱性および耐溶着性にすぐれる。TiC、TaCなどを多く含んでおり、とくに熱的な損傷に強い	切削抵抗大（鋼の場合）連続形切りくず	鋼、合金鋼ステンレス
M	WC-TiC-TaC-Co	TiC、TaCなどを適度に含んでおり、熱的および機械的な損傷の両方に強い	切削抵抗中（鋳鉄の場合）せん断形切りくず	ステンレス、鋳鉄、ダクタイル鋳鉄
K	WC-Co	強度にすぐれるWC主体の合金で、特に機械的な損傷に強い	切削抵抗小（鋳鉄の場合）裂断切りくず	鋳鉄、非鉄金属、非金属

図3-21　超硬合金の種類と用途

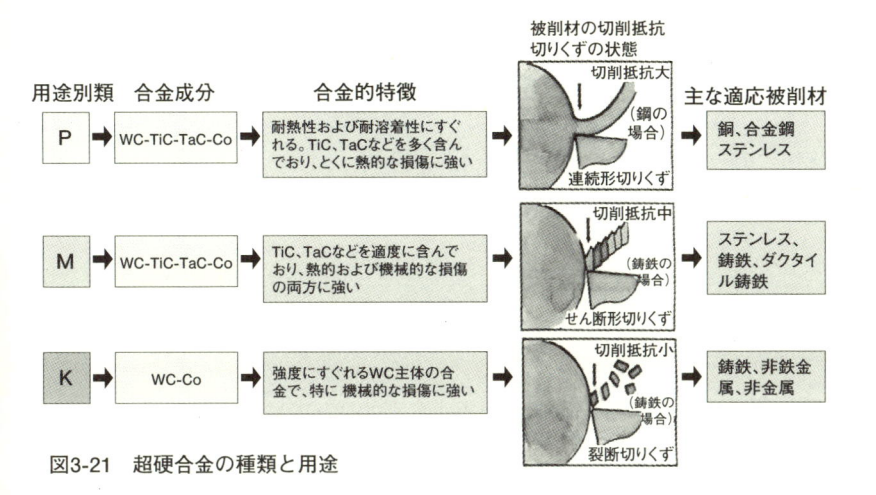

種およびK種の使い分けをすることが大切です。

図3-21に超硬合金の種類と用途を示します。超硬合金のP種は連続形切りくずとなる鋼、合金鋼およびステンレス鋼の切削に、またM種はせん断形切りくずとなるマンガン鋼、ステンレス鋼およびダクタイル鋳鉄の切削など、特殊用途に用います。そしてK種は裂断形切りくずとなる鋳鉄、非鉄および非金属などの切削に使用します。

また一口に超硬合金のP種といっても、P01、P10、P20、P30、P40およびP50のように、多くの種類があります。超硬合金は硬い炭化物を金属のコバルトで焼結しているので、コバルトの含有量が多くなると、炭化物の量が減少します。このことは硬さが低下するとともに、抗折力が大きくなり、靱性が高くなることを意味します。そのため数字が大きくなるほど、コバルトの含有量が多くなるので、硬さが低下し、靱性が高くなります。超硬合金のM種やK種についても同様です。

そのため、たとえば鋼材を旋削する場合で、仕上げにはP01を、また荒びきにはP20のような選択をします。このように仕上げ旋削のように、高速・軽切削の場合は硬度の高い超硬合金を、また低速・重切削のような場合は、靱性の高いものを使用します。

また鋼材を旋削する場合と正面フライス削りをする場合とでは、材種

切りくず形状による大分類		使用分類				特性の向上方向			
大分類	被削材の大分類	使用分類記号	被削材	切削方式	作業条件	切削特性		材料特性	
						切削速度	送り量	耐摩耗性	靭性
P	連続形切りくずの出る鉄系金属	P01	鋼、鋳鋼	旋削 中ぐり	高速で小切削面積のとき、または加工品の寸法精度および表面の仕上げ程度が良好なことを望むとき。ただし、振動がない作業条件のとき	高速 ↑		高い ↑	
		P10	鋼、鋳鋼	旋削 ねじ切り フライス削り	高〜中速で小〜中切削面積のとき、または作業条件が比較的よいとき				
		P20	鋼、鋳鋼 特殊鋳鉄[2]（連続形切りくずが出る場合）	旋削 フライス削り 平削り	中速で中切削面積のとき、またはP系列中最も一般的作業のとき。平削りでは小切削面積のとき				
		P30	鋼、鋳鋼 特殊鋳鉄[2]（連続形切りくずが出る場合）	旋削 フライス削り 平削り	低〜中速で中〜大切削面積のとき、またはあまり好ましくない作業条件[8]とき				
		P40	鋼 鋳鋼（砂かみや巣がある場合）	旋削 平削り フライス削り 溝フライス	低速で大切削面積のとき、P30より一層好ましくない作業条件のとき 小形の自動旋盤作業の一部、または大きなすくい角を使用したいとき				
		P50	鋼 鋳鋼（低〜中引張強度で砂かみや巣がある場合）	旋削 平削り フライス削り 溝フライス	低速で大切削面積のとき、最も好ましくない作業条件のとき 小形の自動旋盤作業の一部、または大きなすくい角を使用したいとき		高送り ↑		高い ↑
M	連続形、非連続形切りくずの出る鉄系金属または非鉄金属	M10	鋼、鋳鋼、マンガン鋼、鋳鉄および特殊鋳鉄	旋削 フライス削り	中〜高速で小〜中切削面積のとき、または鋼・鋳鉄に対し共用したいときで、比較的作業条件のよいとき	高速 ↑		高い ↑	
		M20	鋼、鋳鋼、マンガン鋼、耐熱合金[3]、鋳鉄および特殊鋳鉄、ステンレス鋼	旋削 フライス削り	中速で中切削面積のとき、又は鋼・鋳鉄に対し共用したいときで、あまり好ましくない作業条件[8]のとき				
		M30	鋼、鋳鋼、マンガン鋼、耐熱合金[3]、鋳鉄および特殊鋳鉄、ステンレス鋼	旋削 フライス削り 平削り	中速で中〜大切削面積のとき、またはM20より悪い作業条件のとき				
		M40	快削鋼 鋼（低引張強度）非鉄金属	旋削 突切り	低速のとき、大きなすくい角や複雑な切刃形状を与えたいとき、またはM30より悪い作業条件のとき。小形の自動旋盤作業		高送り ↑		高い ↑

表3-7　切削用超硬質工具材料P/M種の使用分類　(JIS B 4053)

切りくず形状による大分類		使用分類			特性の向上方向			
大分類	被削材の大分類	使用分類記号	被削材	切削方式	作業条件	切削特性		材料特性	
						切削速度	送り量	耐摩耗性	靱性
K	非連続形切りくずの出る鉄系金属、非鉄金属または非金属	K01	鋳鉄	旋削 中ぐり フライス削り	高速で小切削面積のとき、または振動のない作業条件のとき	高速 ↑		高い ↑	
			高硬度鋼 硬質鋳鉄（チルド鋳鉄を含む）	旋削	極低速で小切削面積のとき、または振動のない作業条件のとき				
			非金属材料(^{4}) 高シリコンアルミニウム鋳物(^{5})	旋削	振動のない作業条件のとき				
		K10	鋳鉄および特殊鋳鉄(^{2})（非連続形切りくずが出る場合）	旋削 フライス削り 中ぐり	中速で小～中切削面積のとき、またはK系列中の一般的作業のとき				
			高硬度鋼	旋削	低速で小切削面積のとき、または振動のない作業条件のとき				
			非鉄金属(^{6}) 非金属材料(^{4})	旋削 フライス削り	比較的振動がない作業条件のとき				
			複合材料(^{7}) 耐熱合金(^{3}) チタンおよびチタン合金	旋削 フライス削り					
		K20	鋳鉄	旋削 フライス削り 中ぐり	中速で中～大切削面積のとき、または靱性を要求される作業条件のとき				
			非鉄金属(^{6}) 非金属材料(^{4}) 複合材料(^{7})	旋削 フライス削り	大きな靱性を要求される作業条件のとき				
			耐熱合金(^{3}) チタンおよびチタン合金	旋削 フライス削り					
		K30	引張強さの低い鋼 低硬度の鋳鉄 非鉄金属(^{6})	旋削 フライス削り	低速で大切削面積のとき、あまり好ましくない作業条件(^{8})のとき、または大きなすくい角を使用したいとき		高送り ↓		高い ↓
		K40	軟質、硬質木材 非鉄金属(^{6})	旋削 フライス削り 平削り	低速で大切削面積のとき、K30より一層好ましくない作業条件のとき、または大きなすくい角を使用したいとき				

注 (^{2}) 球状黒鉛鋳鉄（FCD）、合金鋳鉄など
(^{3}) 耐熱鋼（SUH660など）、Ni基超合金（NCFなど）、Co基合金など
(^{4}) プラスチック、木材、ゴム、ガラス、耐火物など
(^{5}) アルミニウム合金鋳物9種（AC9AおよびAC9B）など
(^{6}) 銅および銅合金、アルミニウムおよびアルミニウム合金など
(^{7}) 2種以上の素材を複合して新しい機能を生みだした材料。例えば、繊維強化プラスチックなど
(^{8}) 被削材の表面状態からいえば、被削材に鋳造肌があり、硬さおよび切り込みが変わり、切削が断続となる場合をいい、剛性の点からいえば工作機械、切削工具および被削材のたわみまたは振動が多い場合など
備考 この表の切削方式および作業条件は、旋削およびフライス加工を主体に記載した

表3-8 切削用超硬質工具材料K種の使用分類 (JIS B 4053)

の選択が異なります。通常、旋削の場合は連続切削で、正面フライス削りの場合は断続切削です。そのため、たとえば旋削にはP10を、また正面フライス削りには靱性の高いP30のような材種を選択します。このように高速・軽切削か、あるいは低速・重切削かによって、また連続切削か、あるいは断続切削かによって使用する超硬合金の材種が異なります。

表3-7および表3-8に切削用超硬質工具材料の使用分類を示します。切削加工を行う場合は、その作業目的に応じてこれらの表を参考にして、使用する工具材種を決定することが大切です。

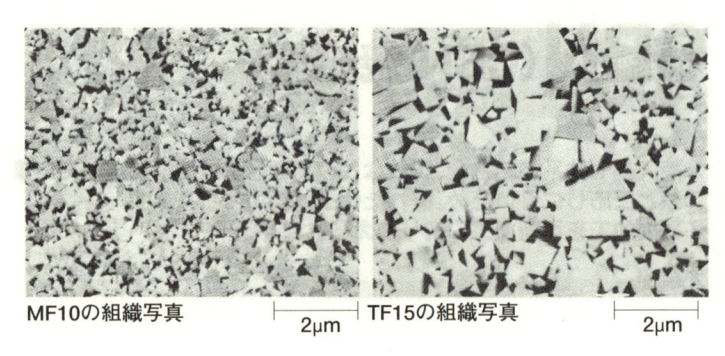

MF10の組織写真　2μm　　TF15の組織写真　2μm

図3-22　超微粒超硬合金 (三菱マテリアル)

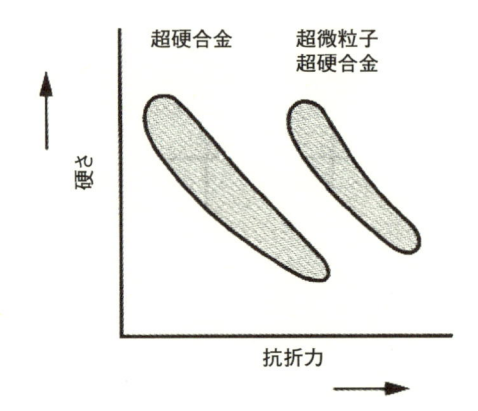

図3-23　超微粒子超硬合金の特性 (タンガロイ)

また最近は、超硬合金でも超微粒合金が多く使用されるようになってきました。

図3-22に超微粒超硬合金の例を示します。図3-20に示した一般の超硬合金と比較し、この超微粒超硬合金は硬質の炭化タングステンの粒子が非常に細かくなっています。

図3-23に超微粒子超硬合金の特性を示します。図より明らかなように、一般の超硬合金と超微粒子超硬合金を比較すると、硬さは両者、ほぼ同じで、超微粒子超硬合金の方が抗折力が非常に大きくなっています。すなわち超微粒子超硬合金は靭性に富んでいることになります。そのため耐摩耗性が高く、また耐衝撃性も大きくなります。

(3) セラミックス

セラミックスは1935年に旧ソ連で開発されました。開発当初のものは、酸化アルミニウムを主成分とするセラミックスです。

現在は図3-24に示すように、純アルミナ系のもの、アルミナに他の炭化物や酸化物を添加したもの、そして窒化ケイ素系のものなどが使用されています。純アルミナ系のものは、色が白いので、通常白セラ、そして炭化チタンが含まれているものは、黒いので、黒セラと呼ばれています。

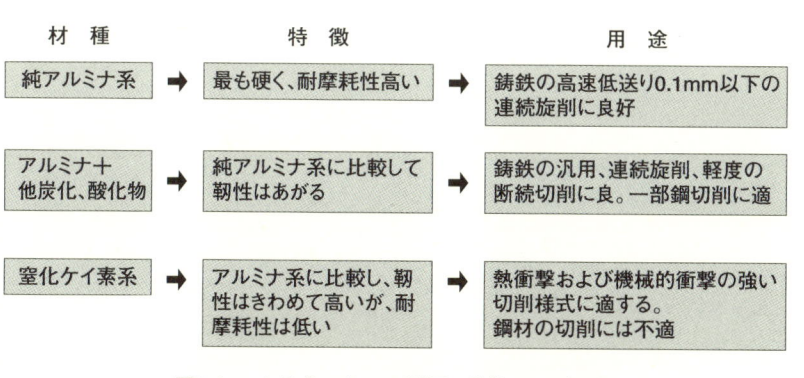

材種	特徴	用途
純アルミナ系	最も硬く、耐摩耗性高い	鋳鉄の高速低送り0.1mm以下の連続旋削に良好
アルミナ＋他炭化、酸化物	純アルミナ系に比較して靭性はあがる	鋳鉄の汎用、連続旋削、軽度の断続切削に良。一部鋼切削に適
窒化ケイ素系	アルミナ系に比較し、靭性はきわめて高いが、耐摩耗性は低い	熱衝撃および機械的衝撃の強い切削様式に適する。鋼材の切削には不適

図3-24　セラミックスの種類、特徴および用途

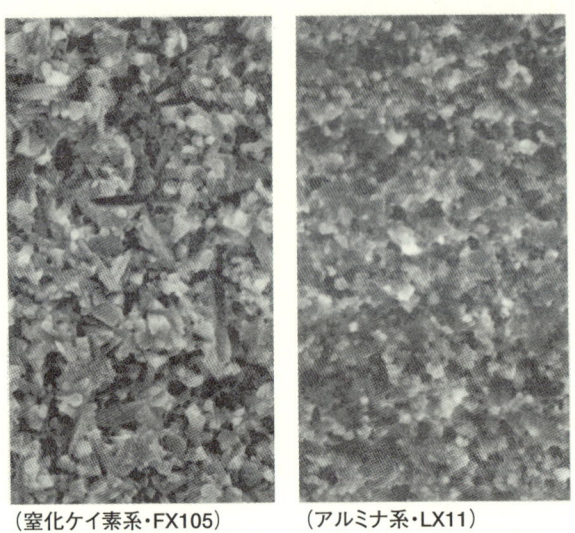

（窒化ケイ素系・FX105）　（アルミナ系・LX11）

図3-25　窒化ケイ素系とアルミナ系セラミックスの組織（タンガロイ）

　　図3-25に窒化ケイ素系とアルミナ系セラミックスの電子顕微鏡写真を示します。窒化ケイ素系およびアルミナ系ともに、結晶粒子が非常に小さいのが特徴です。
　セラミックスは非常に硬いので、超硬合金と比較して、切削速度を数倍高くできます。反面、脆く、靱性が低いので、一般的には断続切削には適用しにくいという特性があります。アルミナに炭化チタンなどを添加したセラミックスは靱性が多少改善されているので、鋳鉄の軽度の断続切削にも適用されます。また窒化ケイ素系のセラミックスは、アルミナ系のものと比較し、靱性が非常に高いので、断続切削にも適用可能です。しかし耐摩耗性が低いので、鋼材の切削には向いていません。通常、セラミックスは鋳鉄の切削に用いられます。

（4）サーメット

　　サーメットは、セラミック（ceramic）とメタル（metal）の頭文字をとったもので、1959年に開発されたものです。前述のようにサーメット

は金属および硬質の金属加工物からなり、その硬質相中の主成分がチタン、タンタル（ニオブ）の炭化物、炭窒化物および窒化物であって、炭化タングステンの成分が少ないものとされています。

図3-26に旋削および転削用サーメットの組織を示します。旋削用サーメットは、硬度の高い微粒チタン化合物を組織内に均一に分散したものです。また転削用サーメットは、金属結合相を特殊合金化したもので、耐欠損性が改善されています。

図3-27にサーメットの材種、特徴およびその用途を示します。炭化チ

旋削用サーメット（NX2525）　　　転削用サーメット（NX4545）

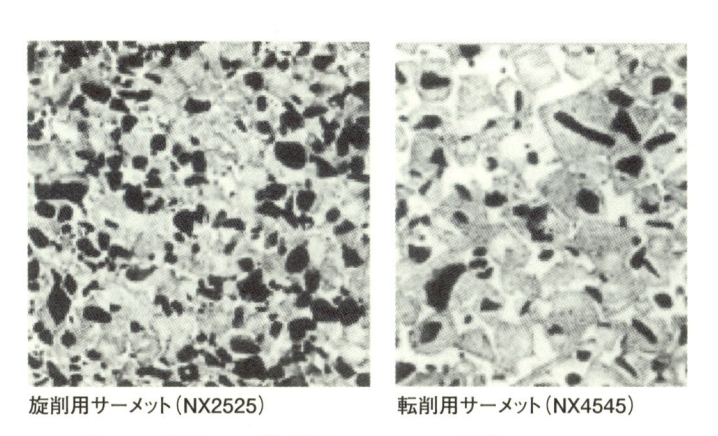

図3-26　旋削および転削用サーメットの組織（三菱マテリアル）

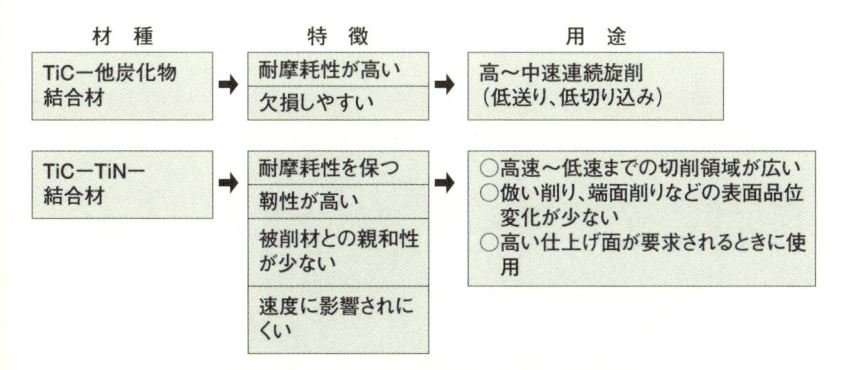

材種	特徴	用途
TiC－他炭化物結合材	耐摩耗性が高い／欠損しやすい	高～中速連続旋削（低送り、低切り込み）
TiC－TiN－結合材	耐摩耗性を保つ／靭性が高い／被削材との親和性が少ない／速度に影響されにくい	○高速～低速までの切削領域が広い ○倣い削り、端面削りなどの表面品位変化が少ない ○高い仕上げ面が要求されるときに使用

図3-27　サーメットの材種、特徴および用途

タンと他の炭化物および結合材系のサーメットは、耐摩耗性が高いが、欠損しやすいという特徴があります。そのため中・高速連続軽切削に用いられます。そして炭化チタンと窒化チタン系のサーメットは、耐摩耗性を保ち、また靱性が高いという特徴があります。そのため低速から高速まで切削領域が広くなっています。

　またサーメットを通常の超硬合金と比較すると、まず重さが異なります。サーメットは炭化チタンを主成分としているので軽く、そして超硬合金は炭化タングステンが主なので重くなっています。もしサーメットか、超硬合金かわからない場合は、重さを量ってみるとよいでしょう。そしてサーメットは、超硬合金よりも、切削速度を2～3倍高くすることができますが、靱性の面で劣るので、通常、仕上げ加工に用いられます。

(5) コーテッド工具

　コーテッド工具は、高速度工具鋼、超硬合金およびサーメットなどの工具表面に酸化物、炭化物および窒化物を化学的または物理的にコーティングしたものです。

　図3-28に化学蒸着（CVD）と物理蒸着（PVD）したチップを示します。化学的にコーティングする方法は、化学蒸着法（CVD）と呼ばれ、気化したガスを加熱した工具表面で化学反応させ、その表面を炭化チタン、窒化チタンおよび酸化アルミニウムなどで被覆するものです。この

図3-28　化学蒸着と物理蒸着 （三菱マテリアル）

方法は、工具を高温に加熱するので、高速度工具鋼には適用されず、超硬合金やサーメットに用いられています。

また物理的にコーティングする方法は、物理蒸着法（PVD）と呼ばれ、物体を高温で気化し、工具表面で固体化することにより、被覆を形成するものです。イオンプレーティングの他、多くの方法があります。

表3-9にCVD法とPVD法の特性を比較しています。処理温度は、CVDが約1000℃で、PVDは約500℃です。そのため高温で組織変化を起こす高速度工具鋼などにはCVD法は適用できません。そのため高速度工具鋼のコーティングには、PVD法が用いられています。ホームセンタなどで、金色のドリルやエンドミルを見かけますが、それは高速度工具鋼の表面に窒化チタンをコーティングしたものです。また母材との凝着性は、PVDよりもCVDの方が強固です。そしてCVD法には、炭化チタン、窒

項　目	CVD法	PVD法
原　理	ガスにより化学的にコーティング	イオンなどで物理的にコーティング
コーティング材質	TiC、TiN、Al_2O_3など	TiNが主体。他の物質にもできる
処理温度	約1000℃前後	約500℃前後
母　材	1000℃に耐える母材が必要	ハイス、銀ろう付け工具にも可能
靭性	母材よりも少々低下	母材の強度とほぼ同じ
母材との凝着性	PVDよりも強固	CVDに比較して弱い
切削性能	母材の性能を1として、20倍	母材の性能を1として、5倍
切刃の鋭利度	コーティングの厚さ同じならPVDと同じ	コーティング厚さ同じならCVDと同じ
母材形状	簡単な形状が良い	ある程度複雑なものができる
用　途	スローアウェイチップ、丸棒、角棒、平板	タップ、ドリル、エンドミル、ホブ、ブローチ

表3-9　CVD法とPVD法の比較

化チタンおよび酸化アルミニウムなどが、コーティング材料として、用いられています。

　コーテッド工具は、蒸着方法の違いによって、このように化学蒸着と物理蒸着に分けられますが、また図3-29に示すように、単層コーティングか、あるいは多層コーティングかによっても区分できます。単層コーティングは、皮膜が一層のもので、多層コーティングは複層のものです。

　図3-30にコーテッド工具（CVD）の例を示します。旋削用のものは、超硬合金の母材に、炭窒化チタン、酸化アルミニウムおよび窒化チタン

コーティング層、厚さ2〜15μm
TiC、TiN、Al₂O₃など
単層または多層

母材（特殊超硬合金）

単層コーティング

Al₂O₃主成分層
特殊セラミック層
チタン化合物層
母材

コーティングチップの一例

TiC
母材

初期のコーティング

多層コーティング

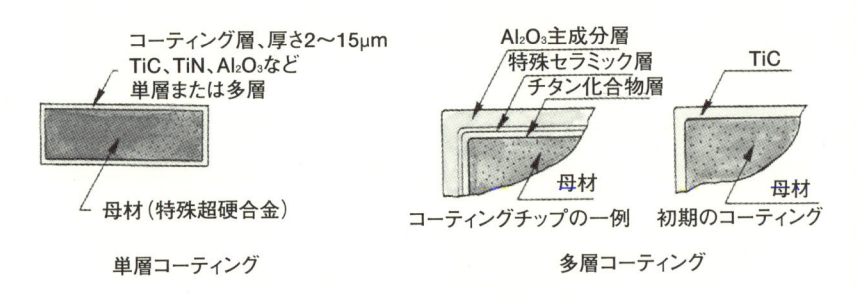

図3-29　単層コーティングと多層コーティング

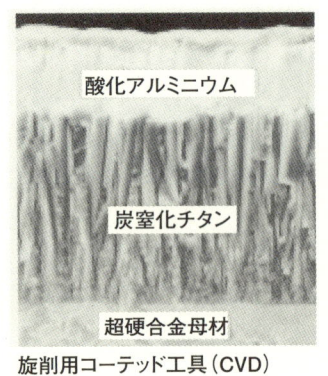

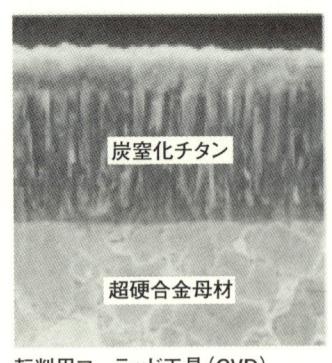

酸化アルミニウム
炭窒化チタン
超硬合金母材

旋削用コーテッド工具（CVD）

炭窒化チタン
超硬合金母材

転削用コーテッド工具（CVD）

図3-30　コーテッド工具（CVD）の例　(三菱マテリアル)

が順次、コーティングされています。この場合は多層コーティングで厚膜です。また転削用のものは同じ多層コーティングですが、薄膜となっています。

　このようなコーティング層は非常に硬く、耐熱性、耐酸化性および化学的安定性に優れています。そのため高速度工具鋼や超硬合金など、単体の物と比較して、工具寿命が長くなります。また工具寿命を一定とすれば、高速切削が可能なので、高能率な加工ができる利点があります。

(6) CBN焼結体

　CBNとは立方晶窒化ホウ素（Cubic boron nitride）の略で、高温高圧下で合成して製造された物質です。

　図3-31にダイヤモンドおよびCBN の結晶を示します。私たちのよく知っている黒鉛は六方晶ですが、それに約1400℃の高温と、約5万気圧の圧力を負荷すると立方晶形となり、ダイヤモンドに変化します。同様に六方晶形の窒化ホウ素を高温・高圧下で立方晶形に変化させたのが、CBNです。

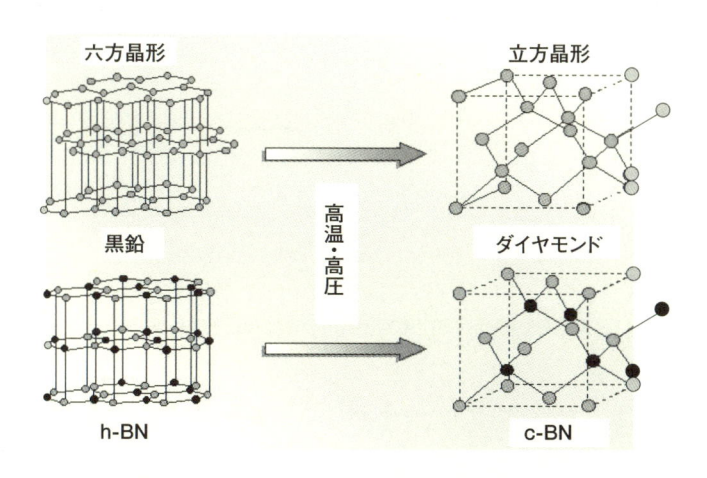

図3-31　ダイヤモンドおよびCBNの結晶 (野村)

特　　性	CBN
融　点（℃）	3227
密　度（g/cm^3）	3.48
熱伝導度（cal/℃・秒・cm）	0.16〜0.17
熱膨張係数（×10^{-5}/℃）	
硬　さ　Hv（kg/mm^2）	ヌープ（4,700）
ヤング率×10^4（kg/mm^2）	7.1
高温安定度（℃まで）	1,360

表3-10　CBNの特性

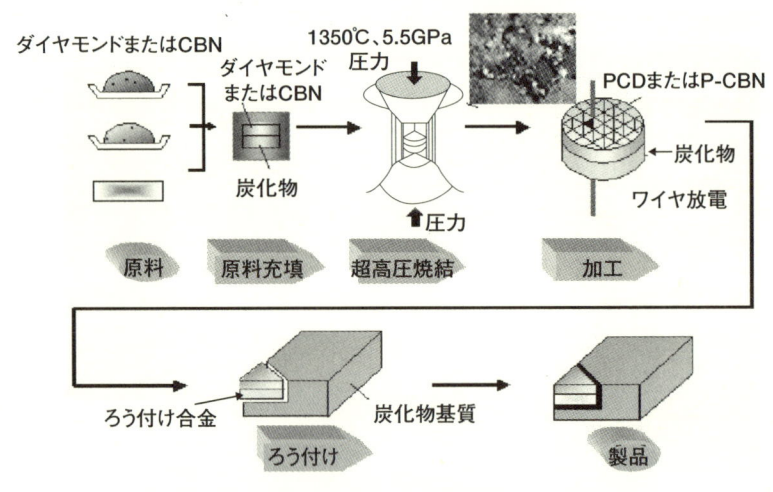

図3-32　ダイヤモンドおよびCBN焼結体の製造 (野村)

表3-10にCBNの特性を示します。CBNは工具材料では、ダイヤモンドに次ぐ硬さを有し、ヌープ硬度で4700kg/mm^{2}で、また高温安定性も約1300℃です。またCBNは鉄との反応がないので、焼き入れ鋼材の切削などにも適用可能です。

図3-32にダイヤモンドおよびCBN焼結体の製造工程を示します。原料

粉末を型に充填し、そして約1350℃、5.5GPaの高温・高圧下で超高圧焼結します。すると大きな円盤状の焼結体素材が得られます。この素材は、ワイヤーカット放電加工により切断され、図3-33に示すような焼結体チップとなります。

図3-34にCBN焼結体切削工具のできるまでを示します。素材切断品はバイトのシャンクにろう付けされ、CBN焼結体バイトになります。またスローアウェイチップの台金にろう付け、研削され、スローアウェイチップになります。そしてエンドミルのシャンクにろう付けされ、CBN焼結体エンドミルとなります。

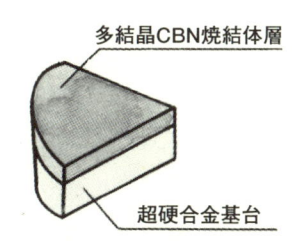

図3-33 切断されたCBN焼結体の構造

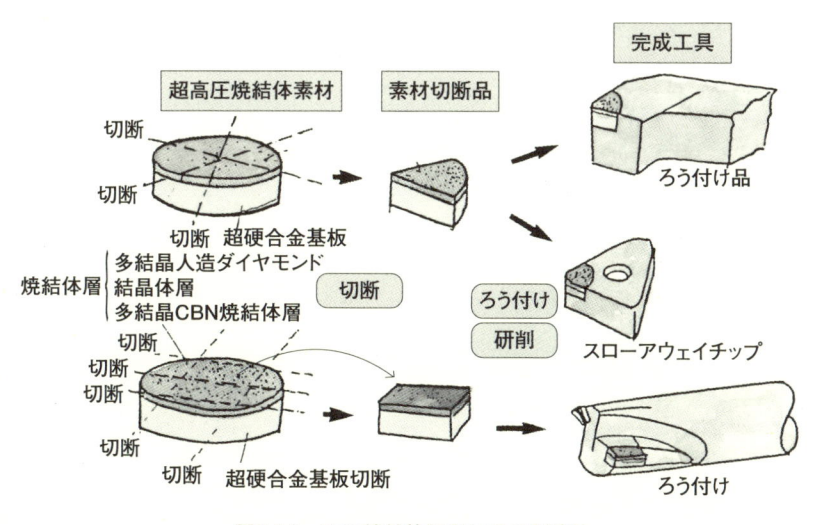

図3-34 CBN焼結体切削工具の製造法

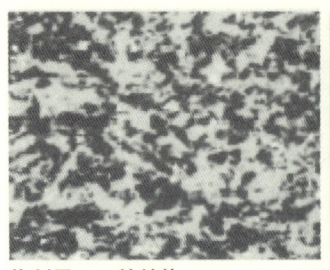

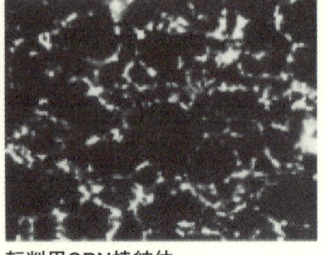

旋削用CBN焼結体　　　　　転削用CBN焼結体

図3-35　CBN焼結体の組織写真の例（三菱マテリアル）

CBN含有量	多 ←			→ 少
用　途	耐熱合金 チルド鋳鉄 高速度鋼 焼結金属 など	SNCM SUJ SKDなど 連続、wet	SNCM SUJ SKDなど 連続・溝入れ 端面、wet	鋳鉄など 低硬度材料

表3-11　CBN焼結体の適用領域

　このようにして製造されたCBN焼結体の組織写真の例を**図3-35**に示します。CBN焼結体には、結晶粒の大きさやその含有量などの違いにより、多くの種類のものがあります。図における旋削用のCBN焼結体はその含有量が多く、また転削用は少ない組織となっています。

　表3-11にCBN焼結体の適用領域を示します。CBNの含有量が多い焼結体は、耐熱合金、高速度工具鋼および焼結金属などの高硬度・難削材に用いられ、また含有量の少ないものは、鋳鉄などの旋削切削またはフライス削りに適用されます。

（7）ダイヤモンド焼結体

　ダイヤモンド焼結体もCBNと同様の方法で製造されます。

　図3-36にダイヤモンド焼結体の切削工具を示します。ダイヤモンドは非常に硬いが、熱に弱いので非鉄や非金属などの高速切削に用いられています。とくにシリコン含有アルミニウムや繊維強化プラスチック

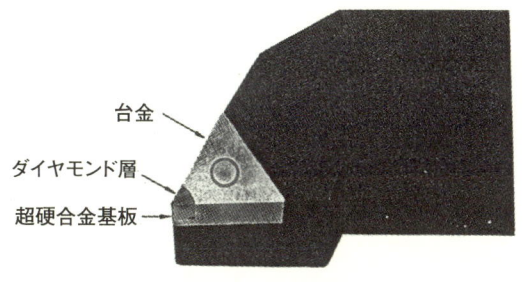

台金
ダイヤモンド層
超硬合金基板

図3-36　ダイヤモンド焼結体切削工具の構造

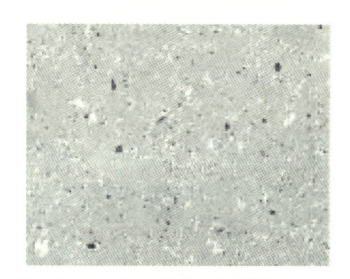

図3-37　ダイヤモンド焼結体の組織例（三菱マテリアル）

特　性	粗粒ダイヤモンド	微粒ダイヤモンド
ダイヤモンド純度	高	低
硬さ	高	低
耐摩耗性	大	小
切れ刃の粗さ	大	小
研削のしやすさ	難	易

表3-12　ダイヤモンド焼結体の結晶粒径と特性

（FRP）などの難削材の切削に威力を発揮します。

　図3-37にダイヤモンド焼結体の組織例を示します。このようにダイヤモンド焼結体は結晶体で、結晶粒径が大きいものは耐摩耗性に富み、また粒径の小さいものは靱性に富んでいます。

　表3-12にダイヤモンド焼結体の結晶粒径と特性を示します。ダイヤモ

ンドの粒径の大きなものは、純度が高く、硬さが大きいので、耐摩耗性に富んでいます。反面、切れ刃の粗さが大きく、研削しにくいという不都合もあります。このように一口にダイヤモンド焼結体といってもいろいろな種類があるので、作業目的に応じて最適なものを選択することが大切です。

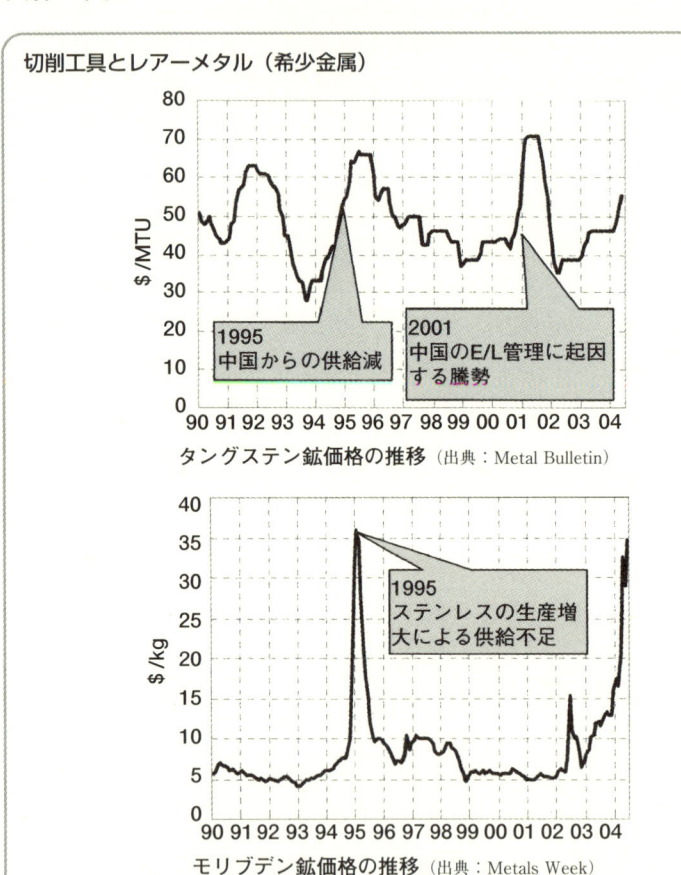

切削工具とレアーメタル（希少金属）

タングステン鉱価格の推移 （出典：Metal Bulletin）

- 1995 中国からの供給減
- 2001 中国のE/L管理に起因する騰勢

モリブデン鉱価格の推移 （出典：Metals Week）

- 1995 ステンレスの生産増大による供給不足

参考資料：森川市参、金属資源レポート、2004、7

超硬合金や高速度工具鋼には、タングステン、クロム、バナジウム、モリブデンおよびコバルトなどのレアーメタル（希少金属）が多く使用されています。最近、これらのレアーメタルの価格が高騰しています。切削工具や工具研削スラッジのリサイクルを推進する必要があります

第4章

知っておきたい切削工具の基礎知識

　機械加工技術者は鍛冶屋さんです。現在は、切削工具を自分で作りませんが、切削加工を上手に行うには、多くの切削工具のなかから、作業目的に適合した工具を選択し、その工具を最適な条件で使用する必要があります。そのためには常に、工具材料の種類、旋削および転削工具に関する情報を把握しておくことが大切です。

4-1 ● バイト

(1) バイトの種類とその用途

図4-1にバイトのチップ保持方式を示します。バイトをそのチップの保持方式より区分すると、ろう付けバイト、スローアウェイバイトおよびソリッドバイトになります。またろう付けバイトとソリッドバイトには、高速度工具鋼製のものと超硬合金製のものとがあります。

ろう付けバイト　　スローアウェイバイト　　ソリッドバイト

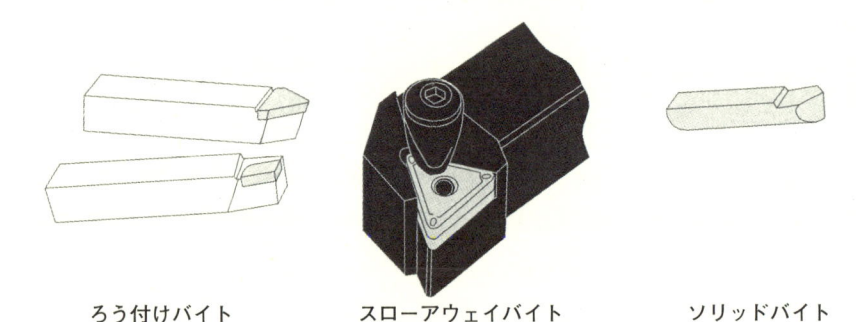

図4-1　バイトのチップ保持方式（タンガロイ）

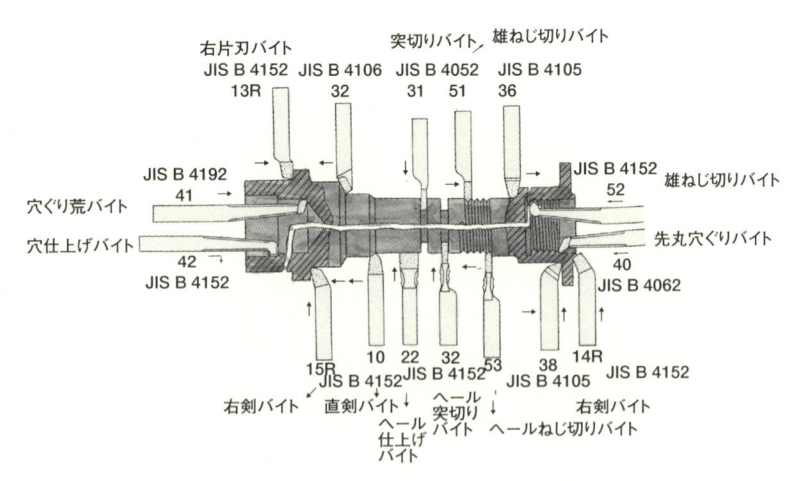

右片刃バイト　JIS B 4152　13R
突切りバイト　JIS B 4106　32
JIS B 4052　31
51
雄ねじ切りバイト　JIS B 4105　36
JIS B 4192　41　穴ぐり荒バイト
穴仕上げバイト　JIS B 4152　42
JIS B 4152　52　雄ねじ切りバイト
先丸穴ぐりバイト　40　JIS B 4062
右剣バイト　15R　JIS B 4152
直剣バイト　10
ヘール仕上げバイト　22
ヘール突切りバイト　32
JIS B 4152
JIS B 4105　53　38
ヘールねじ切りバイト
右剣バイト　14R　JIS B 4152

図4-2　高速度工具鋼製ろう付けバイトとその使い方

図4-2に高速度工具鋼製ろう付けバイトとその使い方を、また図4-3に超硬合金製ろう付けバイトとその使い方を示します。このようにバイトには多くの形状のものがあるので、作業目的に応じて適切なものを選択

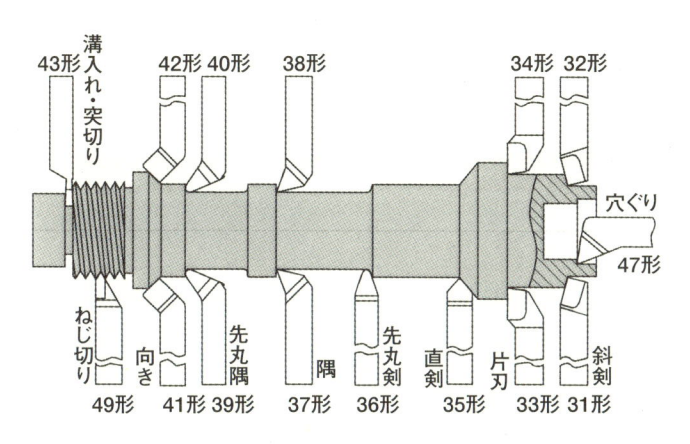

図4-3 超硬合金製ろう付けバイトとその使い方（タンガロイ）

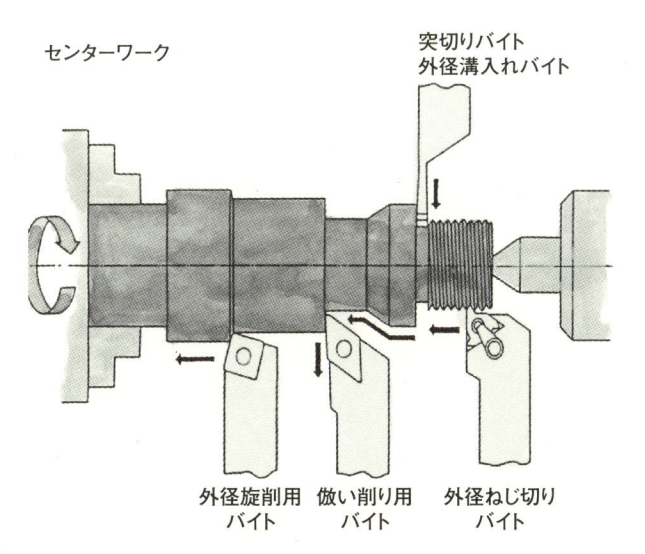

図4-4 センターワークの場合のスローアウェイバイトの使い方

図4-5 チャックワークの場合のスローアウェイバイトの使い方（１）

図4-6 チャックワークの場合のスローアウェイバイトの使い方（２）

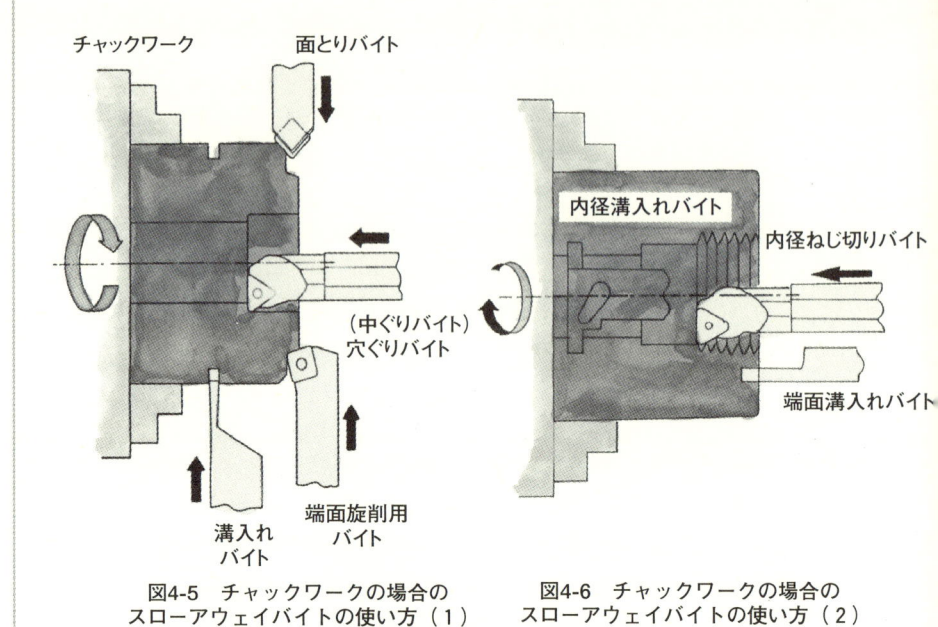

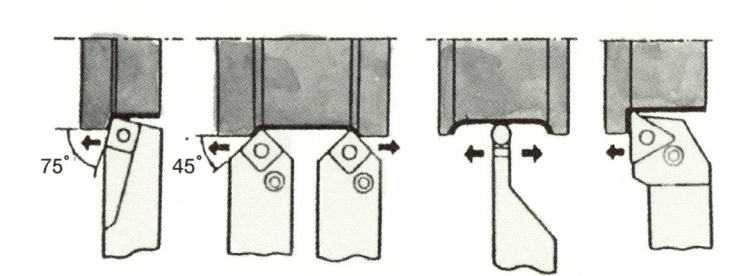

図4-7 外径旋削時のスローアウェイバイトの使い方

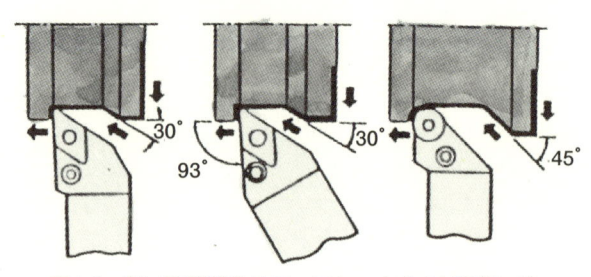

図4-8 倣い旋削時のスローアウェイバイトの使い方

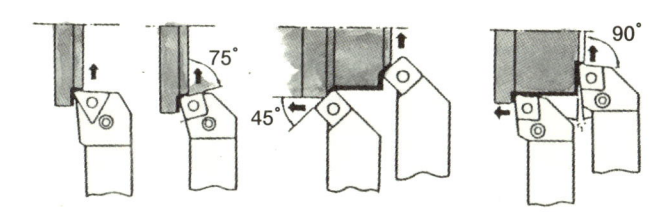

図4-9　外径および端面旋削時のスローアウェイバイトの使い方

する必要があります。

　図4-4〜図4-9までに、スローアウェイバイトの種類とその使い方の例を示します。このように多くの形状・寸法のスローアウェイバイトが市販されています。作業目的に応じて適切なスローアウェイバイトを選択することが大切です。

(2) バイトの勝手とは

　図4-10にバイトの勝手を示します。旋盤作業において作業者側から見て、工作物の右側の面を削るのが右勝手のバイトです。また反対に工作物の左側の面を削るのが左勝手のバイトとなります。また工作物のどちらの面も削れるのが勝手なしのバイトです。そのためバイトを購入する場合は、バイトの勝手を指定する必要があります。

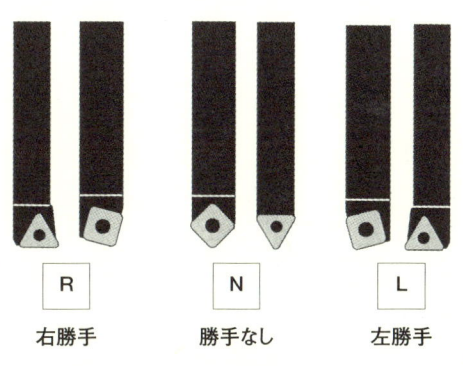

R　右勝手　　N　勝手なし　　L　左勝手

図4-10　バイトの勝手（タンガロイ）

（3）バイト各部の名称

　図4-11および図4-12にスローアウェイバイトの各部の名称を示します。切削工具の柄部分をシャンクといいます。旋盤にバイトを取り付ける場合は、このシャンク部を刃物台のボルトにより固定します。またシャンクの先端に取り付けられるのがスローアウェイチップで、これが切れ刃になります。

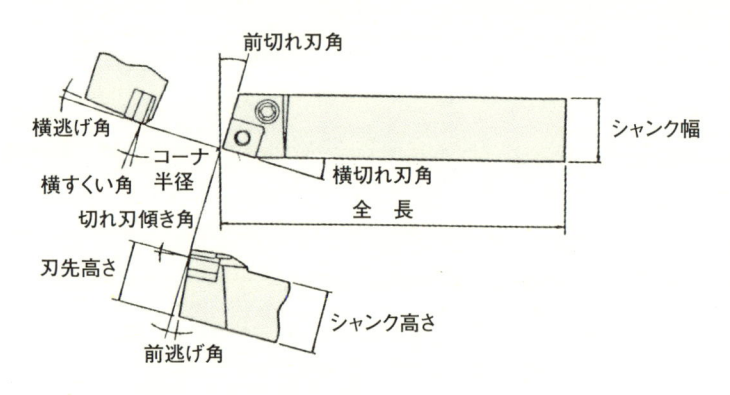

図4-11　バイト各部の名称（1）（タンガロイ）

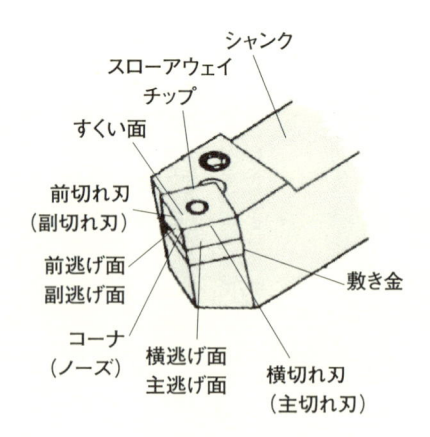

図4-12　バイト各部の名称（2）（タンガロイ）

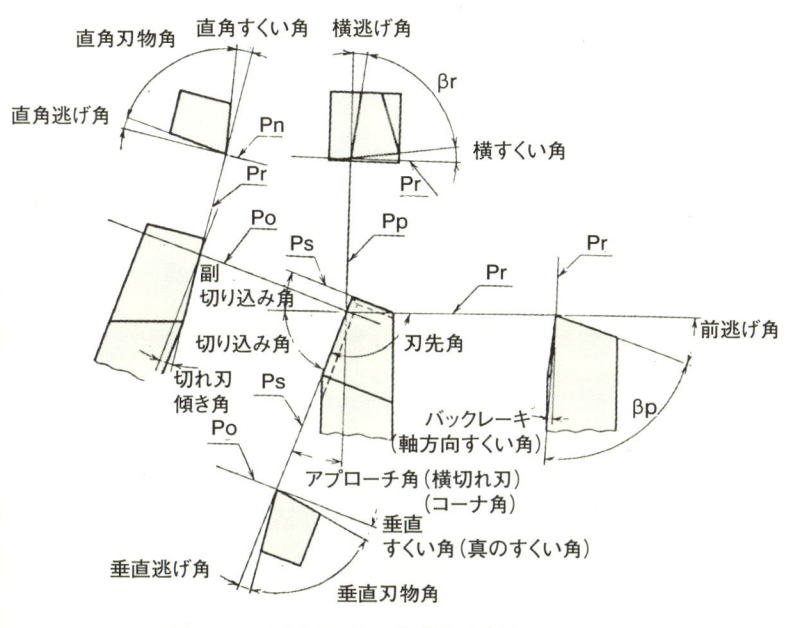

図4-13　バイトの切れ刃諸角度の名称（超硬工具用語集）

（4）切れ刃諸角度の名称

図4-13にバイトの切れ刃諸角度の名称を示します。二次元切削時に示したすくい角や逃げ角の他に、横切れ刃角、前切れ刃角および切れ刃傾き角などがあります。

（5）バイト各部の作用

図4-14に旋削時のすくい角と逃げ角を示します。すくい角はバイトの鋭利さに関係し、切削抵抗、切り屑の排出、切削熱および工具寿命などに影響します。また逃げ角はバイトと工作物の摩擦を避けるためのものです。

また図4-15にくさび角を示します。くさび角には、すくい角と逃げ角が影響します。切れ刃を鋭利にするためには、すくい角を大きくしますが、するとくさび角が小さくなり、刃先が弱くなります。

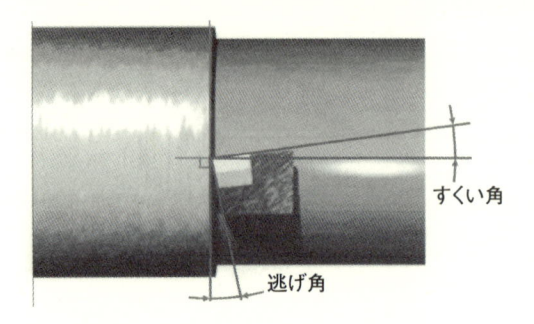

図4-14　旋削時のすくい角と逃げ角 (三菱マテリアル)

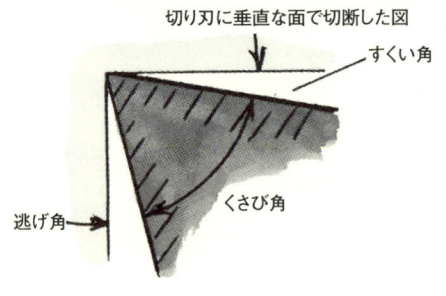

図4-15　くさび角

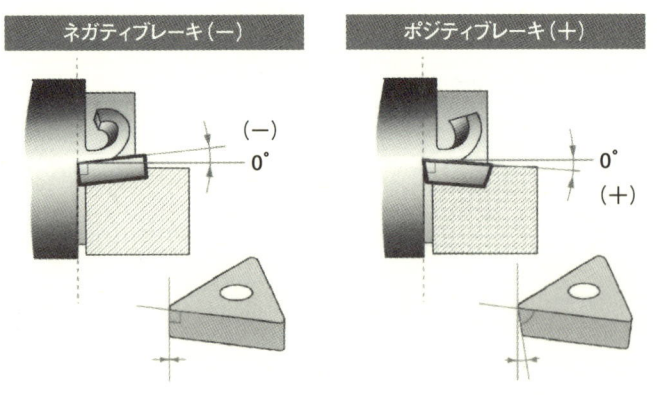

図4-16　ネガティブレーキとポジティブレーキ (三菱マテリアル)

図4-16にネガティブレーキ（負のすくい角）とポジティブレーキ（正のすくい角）を示します。スローアウェイバイトでは、ネガティブレーキのものと、ポジティブレーキのものが使用されています。

　図4-17にすくい角が正（ポジ）と負（ネガ）の場合の刃先強度を示します。すくい角が正の場合は、チップがシャンクで支持されていないので、刃先強度が低くなります。またすくい角が負の場合は、チップがシャンクで支持されるので、刃先強度が高くなります。そしてすくい角が正の場合は、バイトの切れ味がよく、切削抵抗が減少しますが、刃先の強度が低下しますので、旋盤の剛性が低いときや工作物が軟らかく、削りやすい場合に用います。反対にすくい角を負に大きくする場合は、工作物の材質が非常に硬いとき、また断続切削など、衝撃力が大きいとき

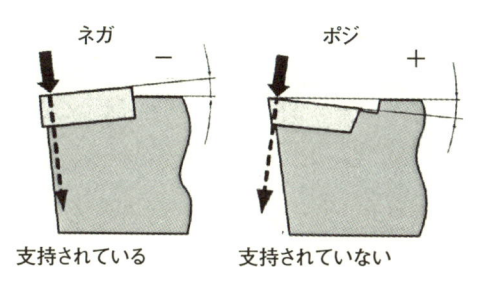

図4-17　すくい角が正（ポジ）と負（ネガ）の場合の刃先強度（タンガロイ）

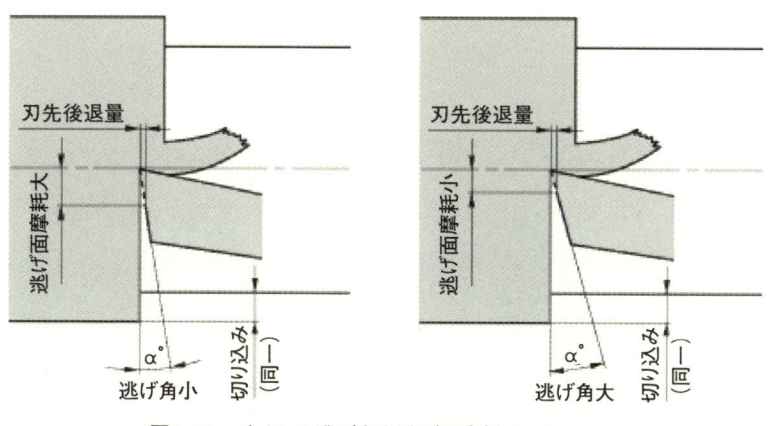

図4-18　バイトの逃げ角と逃げ面摩耗（三菱マテリアル）

に使用します。

　図4-18にバイトの逃げ角と逃げ面摩耗との関連を示します。逃げ角が小さいと、刃先の後退量が同一の場合であっても逃げ面摩耗幅が大きくなり、工具寿命が短くなります。一方、逃げ角を大きくすると、刃先の強度が低下します。そのため工作物の材質が軟らかく、削りやすい場合は、逃げ角を大きくします。また工作物が硬く、刃先の強度が必要な場合は小さくします。

　図4-19にバイトの標準的な逃げ角を示します。通常、逃げ角はスローアウェイバイトの場合が5°〜8°、またろう付けバイトの場合は、チップ部で6°です。

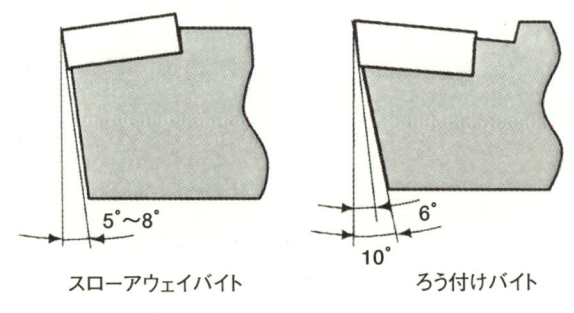

図4-19　バイトの逃げ角（タンガロイ）

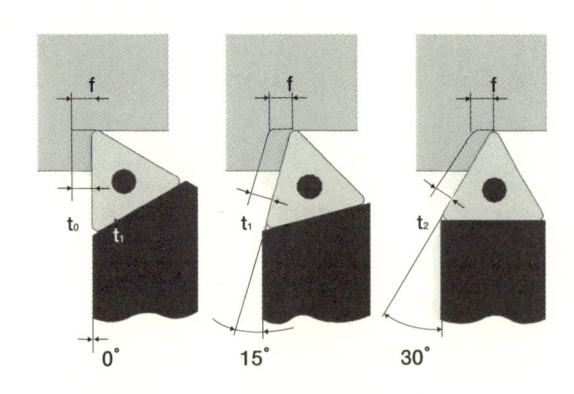

図4-20　バイトの横切れ刃角（タンガロイ）

図4-20にバイトの横切れ刃角を示します。横切れ刃角は、切削時の衝撃的な荷重を緩和する働きがあります。また送り量が同じでも、切りくずの厚さが変化します。そして切れ刃角が大きいほど、工作物と切れ刃の接触長さが大きく、切りくず厚さが薄くなり、工具寿命も長くなります。

　図4-21に切れ刃角と切削力の作用方向を示します。切れ刃角がゼロの場合は、主分力だけで、背分力はありません。また切れ刃角が30°の場合は、切削力Aは主分力と背分力に分解できます。そのため前切れ刃角がゼロの場合は、切り込みが小さい仕上げ切削とか、剛性のない、細くて長い工作物とか、機械の剛性が低い時などに用います。また前切れ刃角を大きくする場合は、硬くて発熱量が多い工作物とか、剛性の大きな直径の太い工作物の荒削りとか、機械に剛性がある時に用います。

　図4-22にバイトの前切れ刃角を示します。前切れ刃角が大きいと逃げ

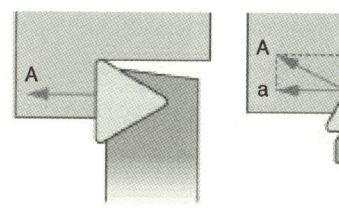

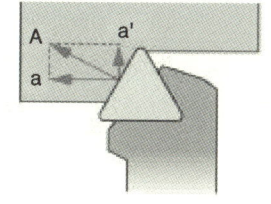

Aの力がかかる　　　Aはaとa'の力に分散される

図4-21　切れ刃角と切削力の作用方向（三菱マテリアル）

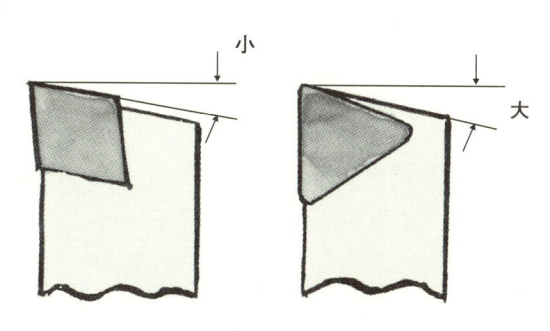

図4-22　バイトの前切れ刃角

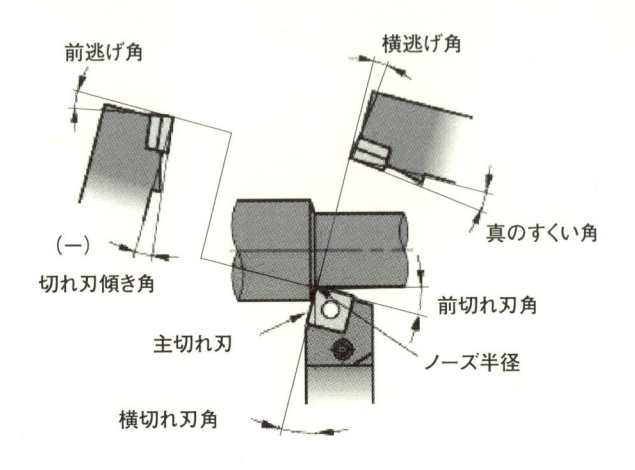

図4-23 バイトの切れ刃傾き角 (三菱マテリアル)

面摩耗は小さくなりますが、表面粗さが大きくなります。また前切れ刃角が小さいと表面粗さは小さくなりますが、逃げ面摩耗が大きく、また切削時にびびりを生じやすくなります。通常、前切れ刃角は5°〜15°で、粗削りでは小さく、また仕上げ削りでは大きめにします。

　図4-23にバイトの切れ刃傾き角を示します。切れ刃傾き角はすくい面の傾きを表す角度です。重切削の場合には、切削開始時点において刃先に掛かる衝撃が大きく、欠損が生じやすいので、この大きな衝撃力を緩和するために、切れ刃傾き角を設けます。通常、旋削の場合は約3°〜5°にします。

(6) バイトの取り付け方

　図4-24にバイトの刃物台への取り付け方を示します。バイトの刃先の高さを敷き板の厚さで調整し、工作物の中心と一致させます。そしてボルトを締めて、バイトを刃物台に固定します。またバイトの突き出し長さは、図4-25に示すようにできるだけ短くします。

図4-26に切削時のバイトの変形を示します。バイトの突き出し長さLが大きくなると、切削時に大きな切削抵抗によって、たわみを生じ、びびりなどが発生しやすくなります。

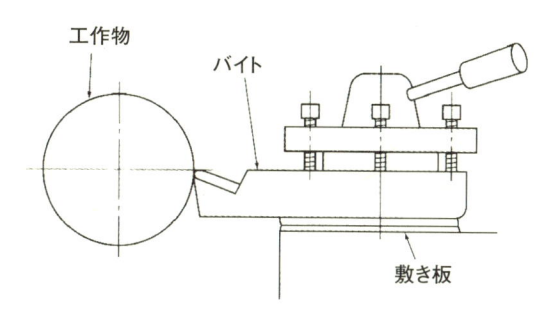

図4-24　バイトの刃物台への取り付け

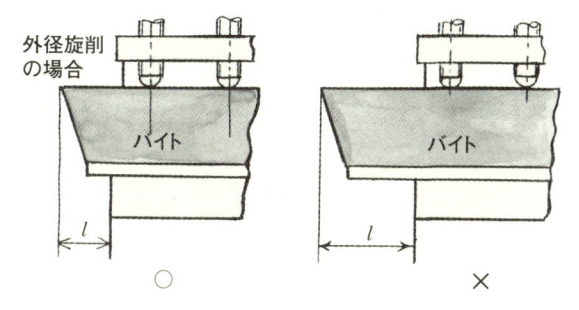

図4-25　バイトの突き出し

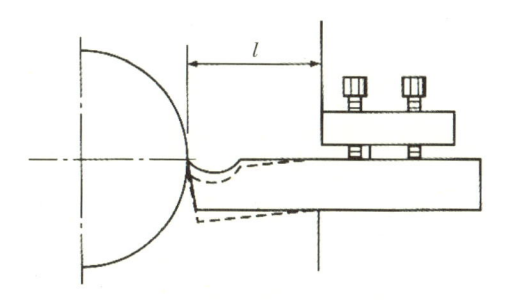

図4-26　切削時のバイトの変形

図4-27にバイトの取り付け時に刃物台の清掃が不十分で、切りくずを挟んだ場合を示します。この場合は、バイトの取り付けが不安定となり、良好な切削はできません。そのためバイトを取り付ける場合は、刃物台をきれいに掃除する必要があります。またバイトシャンクや刃物台の取り付け面に傷があったり、凹凸があると同様にバイトの取り付けが不安定になります。

　またバイトを刃物台に取り付ける場合は、図4-28に示すように、刃先と工作物の中心を一致させることが大切です。通常、心高調整の許容誤差は±0.5mmです。この値より大きいとバイトの逃げ面を擦ったり、切り残しなどを生じ、上手な切削はできません。そしてこの心高調整には図4-24に示した敷き板を用います。この場合、敷き板の数はできるだけ

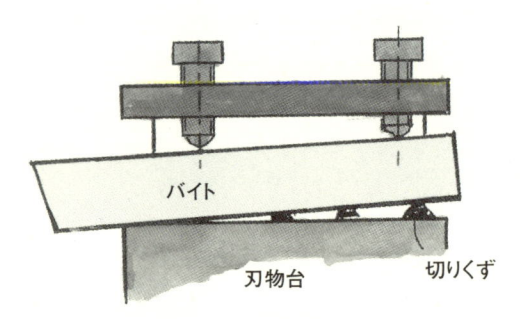

図4-27　切りくずを挟んだ例

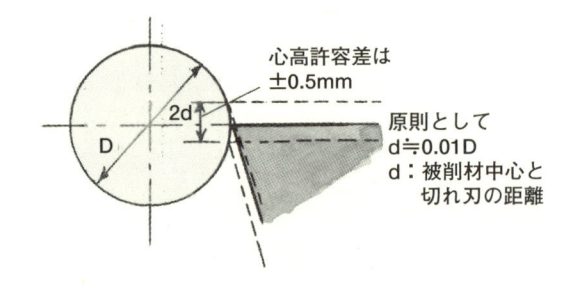

図4-28　バイトの心高調整

少なくします。薄い敷き板を多く用いて心高調整すると、その部分がばねの作用をし、びびりなどを発生し、上手な切削ができないことがあります。

図4-29に悪い敷き板の使い方を示します。このような敷き板の使い方をすると、切削時にバイトが動いたりして大変危険なので、絶対に行わないでください。

図4-30にバイトを刃物台に取り付ける場合の敷き板の使い方の善し悪しを示します。バイトの突き出し長さが同じであっても、敷き板をその逃げ面近傍まで出して取り付けた方が、切削時の変形が少なくなります。すなわちバイトのたわみが少なく、びびりなどが発生しにくくなります。

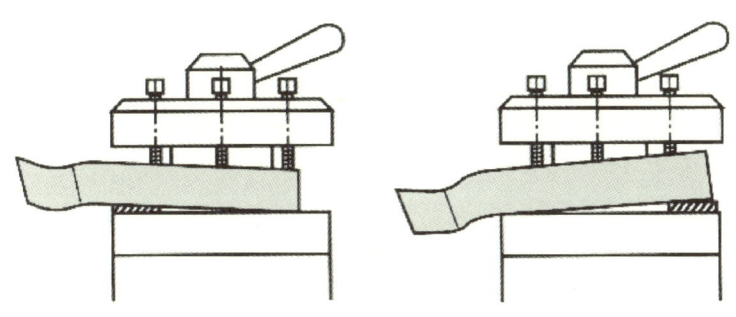

図4-29　悪い敷き板の使い方

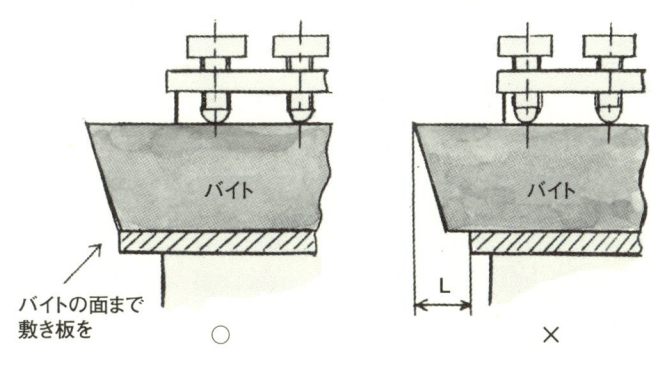

図4-30　バイト取り付け時の敷き板の位置の善し悪し

図4-31にバイトと刃物台壁との間隙を示します。バイトを刃物台に固定する場合は、その壁との間にクリアランスがないようにします。すなわち平行台などを用いて、バイトの側面を刃物台の壁に固定します。もしも刃物台の壁とバイトの側面間にクリアランスがあると、大きな切削抵抗により、バイトが移動し、不安全な加工となります。

図4-32に刃物台にバイトを取り付けるときのボルトの締め付け順序を示します。ボルトを締める時は、工作物に近いボルトAを最初に行います。次に反対側のボルトCを締めます。そして最後にボルトBを締めるようにします。

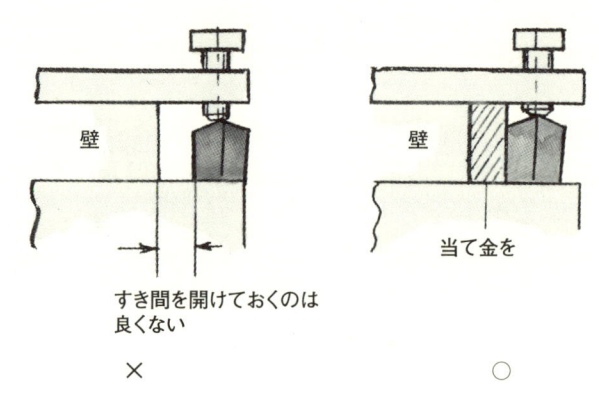

壁　　　　　　　　　　　壁

すき間を開けておくのは
良くない

　　　　当て金を

　　×　　　　　　　　　○

図4-31　バイトの刃物台壁へ固定

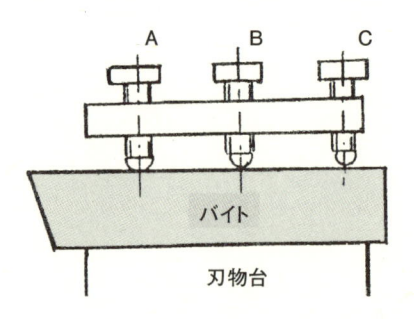

　　A　　B　　C

　　バイト

　　刃物台

図4-32　刃物台のボルトの締め付け順序

4-2 スローアウェイチップ

(1) スローアウェイチップとは

図4-33にスローアウェイチップを示します。通常の切削工具の場合は、工具寿命に達したならば再研削が必要になりますが、スローアウェイチップのときは再研削することなく、そのチップを新しいものに交換します。そのため投げ捨てるという意味で、スローアウェイチップと呼ばれています。

(2) チップの形状と記号

図4-34に代表的なスローアウェイチップの形状の例を示します。スロ

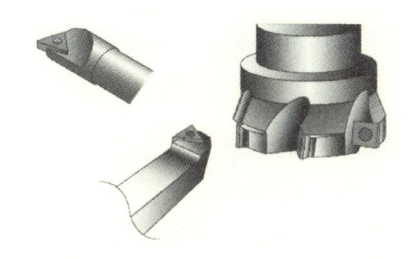

図4-33　スローアウェイチップ
（三菱マテリアル）

四角インサート	三角インサート	等辺不等角六角形インサート
80°菱形インサート	55°菱形インサート / 35°菱形インサート	円形インサート

図4-34　各種スローアウェイチップの形状の例　（三菱マテリアル）

ーアウェイチップの呼び名は、インサートとか、刃先交換チップのように、各メーカで異なっています。またチップの形状は、作業目的に応じて、多くの種類があります。

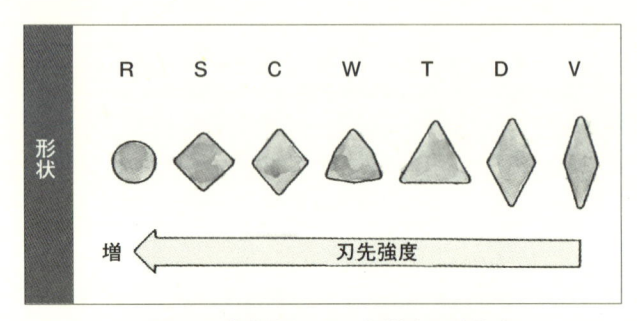

図4-35 代表的なチップ形状と刃先強度

チップ形状記号		
C	◆	ひし形 頂角80°
D	◆	ひし形 頂角55°
K	▱	平行四辺形 頂角55°
R	●	円形
S	■	正方形
T	▲	正三角形
V	◆	ひし形 頂角35°
W	△	特殊六角形

図4-36 代表的なチップ形状記号

図4-35にチップ形状と刃先強度の関係を、また図4-36に代表的なチップ形状記号を示します。刃先の強度はRの円形が最も高く、頂角35°の菱形（V）が最も低くなっています。そのため刃先が痛みやすい場合や重切削には円形のものが多く使用され、頂角35°の菱形はならい切削などに用いられています。またスローアウェイチップの場合は、形状によって使用可能な切れ刃数が異なるので、使用目的に応じて選択する必要があります。通常は正三角形チップや正方形のチップが多く用いられています。

（3）チップの逃げ面と逃げ角

　図4-37にチップの逃げ面を、また図4-38に逃げ角を示します。そして図4-39に代表的な逃げ角記号とその角度を示します。図における逃げ角がゼロのN形は、ネガ（負）チップで、硬質の工作物や断続切削など、刃先強度が必要な場合に用いられます。このチップは両面使用できるので経済的な利点があります。そして逃げ角が7°のC形と11°のP形は、ポジ（正）チップで、工作物への食いつきがよいので、軟質や加工硬化を生じやすい工作物に用いられます。しかしながらN形と異なり、チップの片面しか使用できないという不都合があります。

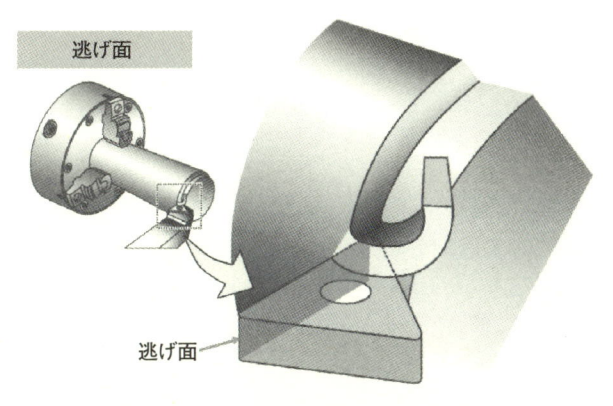

図4-37　チップの逃げ面（三菱マテリアル）

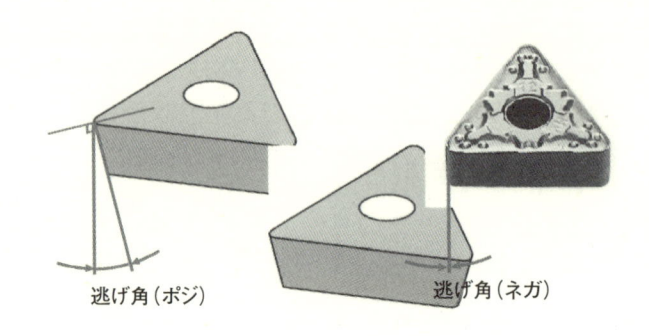

図4-38　スローアウェイチップの逃げ角 （三菱マテリアル）

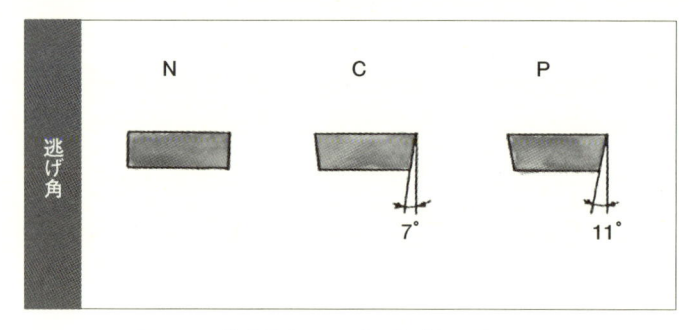

図4-39　代表的なチップの逃げ角記号と角度

（4）内接円精度

　図4-40にチップの内接円を示します。このチップの内接円や厚さは取り付け精度に影響するので、基準寸法や許容差が設けられています。

　図4-41にチップの内接円精度を示します。スローアウェイチップには、いろいろな精度のものがあり、その全面を研削したG級と側面が焼肌のままのM級があります。通常、精度の高い旋削にはG級を、そして中〜粗加工にはM級が用いられています。またチップの基準内接円の寸法は、6.35mm〜25.4mmのものまで各種あり、それぞれに応じて内接円（d）とコーナ高さ（m）の許容値が設けられています。

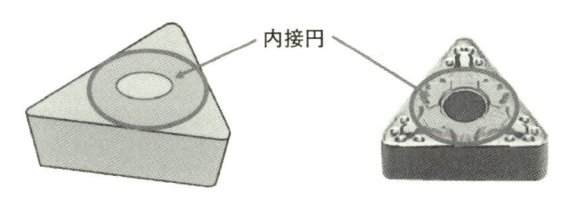

図4-40　チップの内接円（三菱マテリアル）

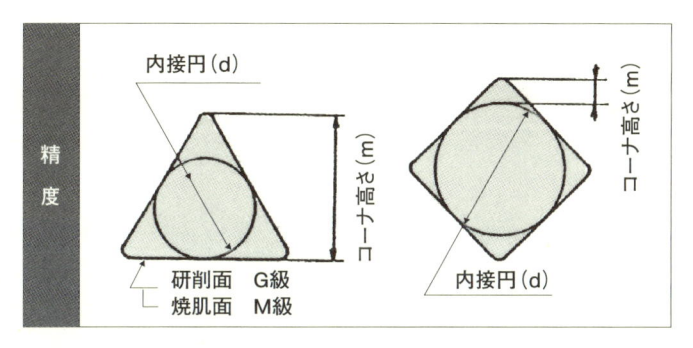

図4-41　チップの内接円精度

（5）切れ刃長さ

　図4-42にチップの切れ刃長さの寸法を示します。内接円寸法の小さなチップは価格は安いが、重切削ができないので、軽切削に用いられます。また内接円寸法の大きなものは、重切削に適用できますが、価格が高く

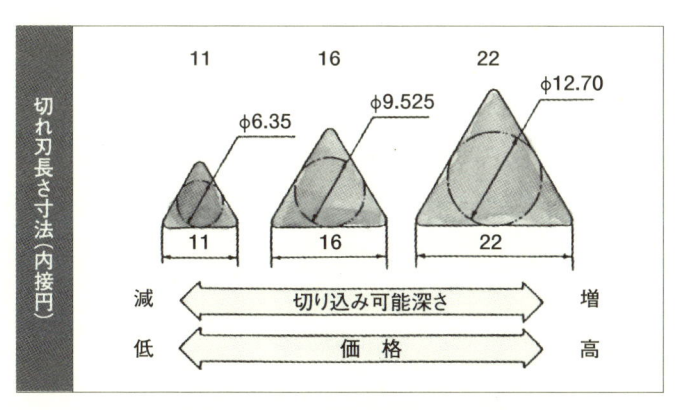

図4-42　チップの切れ刃長さの寸法

なります。そして旋削時には、切り込み深さを、チップの切れ刃長さの1/2以下に抑えることが目安とされています。

(6) チップの取り付け穴とコーナ

図4-43にチップの取り付け穴とコーナを示します。取り付け穴は、チップをホルダに固定するときに用いられます。また切れ刃の先端部がコーナで、ノーズとも呼ばれています。

図4-44に代表的なチップのコーナ（ノーズ）半径を示します。コーナ半径が小さいほど切削抵抗は軽減しますが、刃先の強度は低くなります。そのためコーナ半径の小さなチップは軽切削に、大きなものは重切削に

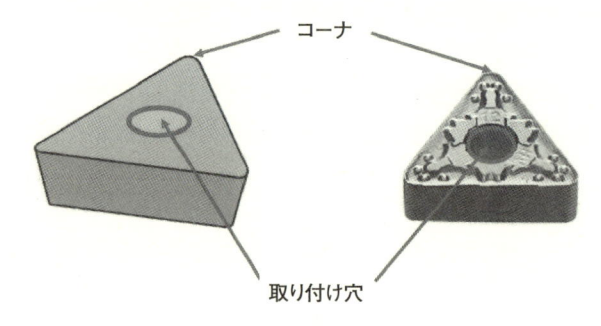

図4-43　チップの取り付け穴とコーナ（三菱マテリアル）

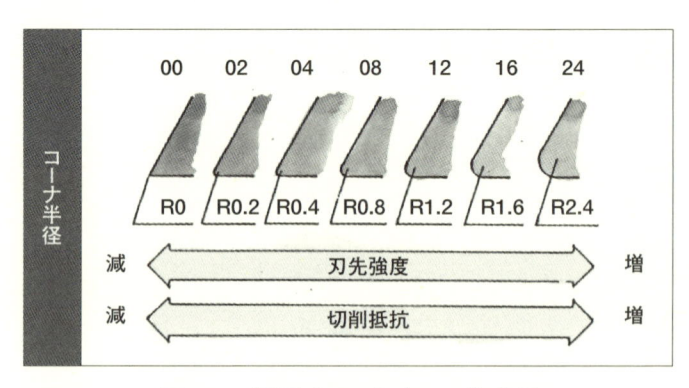

図4-44　代表的なコーナ（ノーズ）半径

用いられます。また旋削時の送りが一定の場合は、コーナ半径の大きなチップほど表面粗さが小さくなります。しかしながらその場合は、切れ刃と工作物の接触長さが大きく、切削抵抗が増大するとともに、びびりが発生しやすくなります。そのため通常は、コーナ半径が0.4mmと0.8mmのチップが多く用いられています。

(7) チップブレーカ

図4-45に鋼材旋削用基本チップブレーカの例を示します。チップブレーカは切りくずを切断するもので、鋼材の種類や切削条件などに応じて非常に多くの種類のものが開発されています。

適応領域	ブレーカ	形状			特長
仕上切削用	TS形			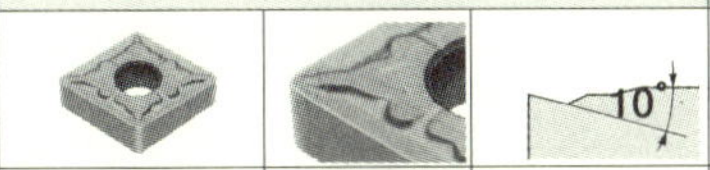 10°	シャープな刃先を持った仕上げ切削のオールラウンドブレーカ。シャフト加工などに威力を発揮。左図はCNMG120408-TSのブレーカ断面図
中切削用(切れ味重視)	TM形			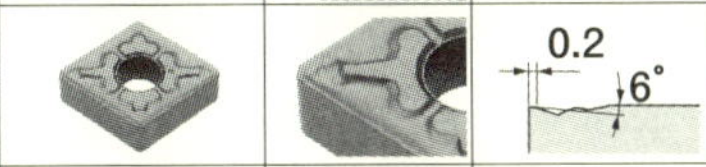 0.2 6°	広範囲な切りくず処理領域を持つ汎用ブレーカ。刃先近傍のユニークな形状の突起と大きなすくい角によるシャープな切れ味を持つ低抵抗ブレーカ。左図はCNMG120408-TMのブレーカ断面図
中〜重切削用	TH形			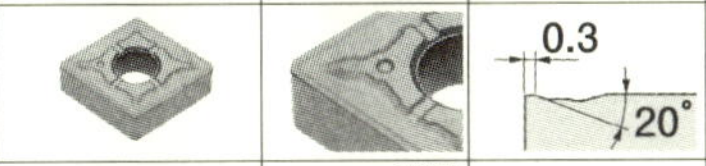 0.3 20°	タフな切れ刃と小気味良い切りくず処理性を持った両面3次元ブレーカ。高送り加工にも優れる。左図はCNMG120408-THのブレーカ断面図
重切削用	TU形			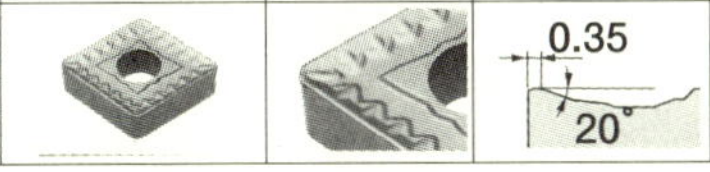 0.35 20°	TH形より重切削側の領域を極めた低抵抗片面ブレーカ。切れ味を重視した高信頼性ブレーカ。左図はCNMG90612-TUのブレーカ断面図

図4-45 鋼旋削用基本チップブレーカの例 (タンガロイ)

(8) ホーニング

図4-46にチップのホーニングを示します。研削したままのチップで切削すると、マイクロチッピングや欠損が生じやすくなります。そのため切れ刃に強度を持たせるためにホーニングを行います。ホーニングには切れ刃を丸くした丸ホーニングや、わずかな直線的な面取りをしたチャンファホーニングなどがあります。

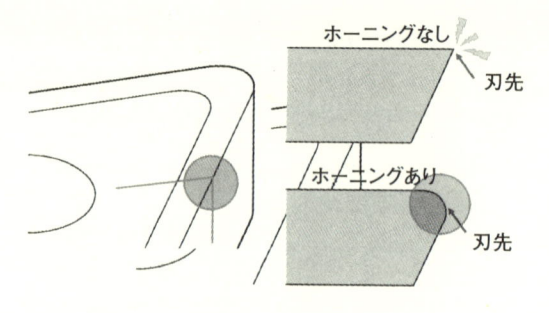

図4-46　チップのホーニング（三菱マテリアル）

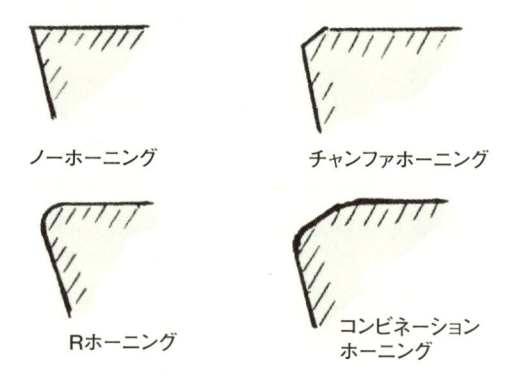

図4-47　ホーニングの種類

　図4-47にホーニングの種類を示します。ホーニングを施さないシャープエッジのチップがノーホーニングです。また直線的なホーニングがチャンファホーニングで、丸くホーニングしたのがRホーニングです。そしてチャンファホーニングとRホーニングを組み合わせたのがコンビネーションホーニングとなります。

　通常、チャンファホーニングは切り込みが小さい軽切削に、コンビネーションホーニングは重切削に用いられます。またRホーニングは、それらの中間で、切れ刃の丸みよりも切り込みが大きい場合に適しています。そして軟らかい工作物を、剛性のない旋盤で、軽切削する場合は、ホーニングの小さいチップを、また反対に硬い工作物を剛性の高い機械で重切削する場合は、大きなチップを用います。

4-3 • 正面フライス

（1）正面フライスとその用途

　図4-48に各種正面フライスの例を示します。この工具は、端面と外周面に切れ刃を持つ切削工具で、通常、平面を削るのに用いられます。

　図4-49に正面フライス削りの様子を示します。正面フライス削りは、切削工具の回転運動とテーブルの直線運動により、平面を削るものです。そのためフライス削りは断続切削で、切削時には切れ刃に大きな衝撃力が作用します。また通常、切れ刃は加熱と冷却を繰り返し受けます。そして切削時には、図2-16に示すように正面フライスの接線方向に主分力が、主軸方向に背分力が、そしてテーブルの送り方向に送り分力が作用します。

図4-48　各種正面フライスの例（タンガロイ）

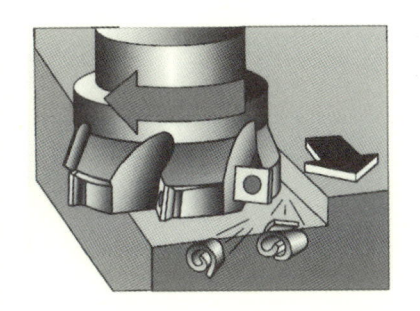

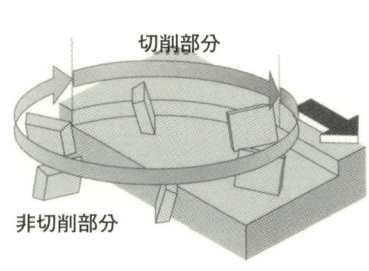

図4-49　正面フライス削り（三菱マテリアル）

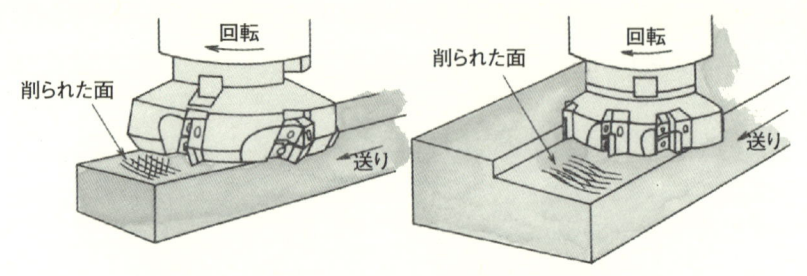

図4-50　正面フライスによる平面削りと直角段削り

図4-50に正面フライスによる平面削りと直角段削りを示します。正面フライス削りは工作物の表面を平面に加工するものです。また直角段削りは、コーナ角が0°の正面フライスを用いて工作物に直角の段を付けて平面を加工するものです。

(2) 正面フライスの各部の名称

図4-51にスローアウェイタイプの正面フライス各部の名称を示しま

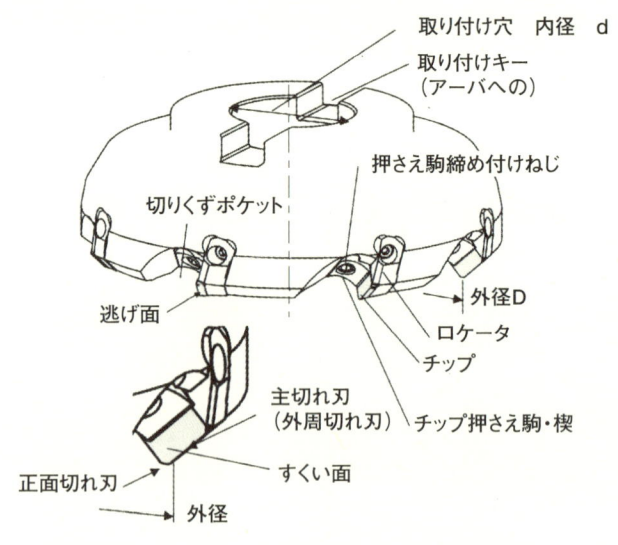

図4-51　スローアウェイ正面フライスの各部の名称（タンガロイ）

図4-52　正面フライス取り付け用アーバ

す。カッターボデーの外周面に多数の切れ刃と切りくず排出用のチップポケットがあります。また工作機械の主軸にアーバ（図4-52）を用いて取り付けるための取り付け穴とキー溝が設けられています。

（3）正面フライス切れ刃の諸角度

　図4-53に正面フライスの諸角度を示します。正面フライスの切削性能は、軸方向すくい角（アキシャルレーキ角）、半径方向すくい角（ラジ

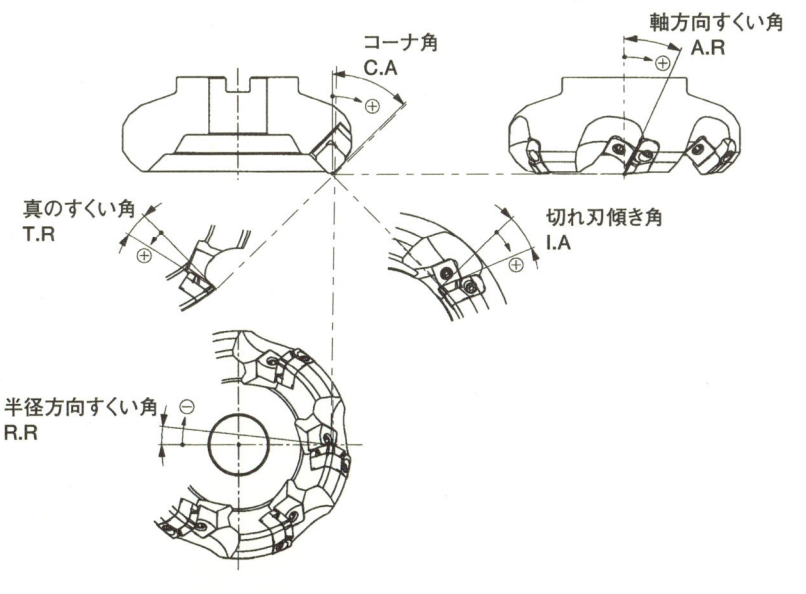

図4-53　正面フライスの諸角度（タンガロイ）

名称	記号	機能	効果
アキシャルレーキ角	A.R	切りくず排出の方向を決める	正のとき：切削性が良い
ラジアルレーキ角	R.R	切れ味を決める	負のとき：切りくず排出性が良い
コーナ角	CH	切りくず厚みを決める	大きいとき：切りくず厚みが薄くなり、切削時の衝撃は小さい。背分力は高くなる
真のすくい角	T	実際の切れ味を決める	正（大）のとき：切削性が良く溶着しにくい 負（大）のとき：切削性は悪いが、切れ刃強度が高い
切れ刃傾き角	I	切りくず排出の方向を決める	正（大）のとき：排出性が良い、切れ刃強度は低い

表4-1　正面フライスの諸角度と機能（三菱マテリアル）

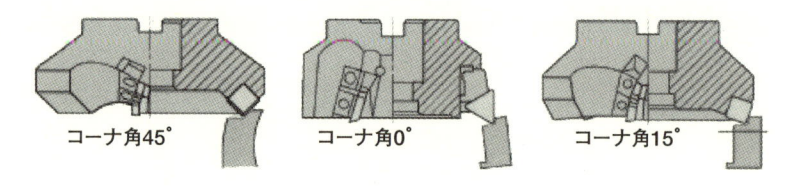

コーナ角45°　　コーナ角0°　　コーナ角15°

図4-54　正面フライスのコーナ角（三菱マテリアル）

アルレーキ角)、コーナ角、真のすくい角および切れ刃傾き角などによって決まります。

表4-1に正面フライスの諸角度、機能および効果を示します。正面フライスの切れ味に影響するのが、ラジアルレーキ角と真のすくい角で、また切りくずの排出方向を決めるのが、アキシャルレーキ角と切れ刃傾き角です。そして切りくずの厚さに影響するのがコーナ角です。

図4-54に正面フライスのコーナ角を示します。コーナ角が45°の正面フライスの場合は、背分力（正面フライスを軸方向へ押し上げる力）が最も大きくなります。そのため薄肉構造物では工作物にたわみが生じ、加工精度の低下を招きます。

またコーナ角が0°の場合は、背分力がマイナス方向に作用します。そのため工作物のクランプ剛性が低いときは、工作物を持ち上げる現象が生じます。そしてコーナ角が15°の場合は、背分力がプラスで、非常に小さくなります。そのためこの正面フライスは、薄肉構造物など剛性のない工作物を平削りする場合に適しています。

（4）正面フライスの基本刃形

図4-55に正面フライスのすくい角の正負を示します。フライスの回転

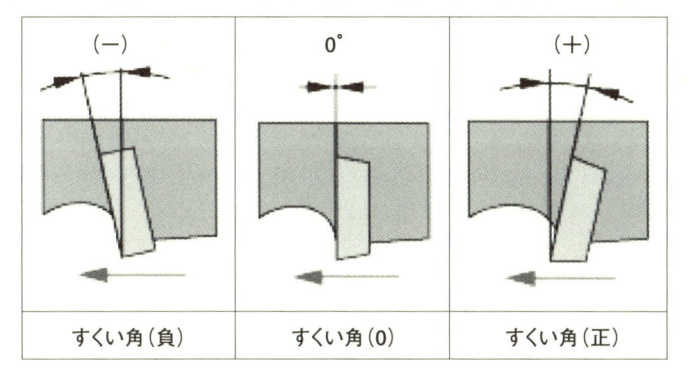

図4-55　正面フライスすくい角の正負 （三菱マテリアル）

ダブルポジ形	ダブルネガ形	ネガ・ポジ形
AR：ポジ RR：ポジ	AR：ネガ RR：ネガ	AR：ポジ RR：ネガ
●各種材料用（汎用） ●大きなARは軽合金用	●刃先強度大 ●使用可能切れ刃数多い ●切削抵抗大	●切りくず排出性良好 ●各種材料用（汎用） ●難削材用にも適する

図4-56　正面フライスの基本刃形とその性能 （タンガロイ）

方向に対し、刃先が遅れる場合をネガティブ（負）すくい角、そして先行する場合をポジティブ（正）すくい角といいます。

　図4-56に正面フライスの基本刃形とその性能を示します。ダブルポジ形は、アキシャルレーキとラジアルレーキがともにポジ（正）の場合で、鋼用、軽合金用および難削材用など汎用的に用いられます。またダブルネガ形は、アキシャルレーキとラジアルレーキがともにネガ（負）の場合で、刃先の強度は大きくなりますが、切削抵抗が大きくなります。通常、このタイプは鋳鉄の切削に用いられます。そしてネガポジ形はアキシャルレーキがポジ（正）で、ラジアルレーキがネガ（負）の場合です。このタイプは切りくずの排出性が良好で、鋼材、鋳鉄および難削材など、各種材料に汎用的に用いられます。

(5) 正面フライスの分類

　図4-57に正面フライスのチップの取り付け方式を示します。チップを取り付ける方式は、くさび止め式とねじ止め式に区分されます。くさび止め式は、チップの強度という点で優れています。またねじ止め式は、カッターボデーの価格、チップのクランプ力および切りくず排出用のチップポケットの大きさなどの点で優れています。

　表4-2に正面フライスの刃先角度による分類を示します。正面フライスをコーナ角、中心方向すくい角（ラジアルレーキ角）および軸方向すくい角（アキシャルレーキ角）の3つの刃先角度から分類すると、A～Kのタイプとなります。工作物が非鉄金属か鋼、または鋳鉄か、重切削か軽切削か、粗削りか仕上げ削りかなどによって、使用する正面フライスが異なります。そのため作業目的に応じて、適切な正面フライスのタイプを選択することが大切です。

フライス盤の立形と横形

フライス盤のテーブル面に対し、主軸が直角なのが立形で、平行なのが横形。
座標系は、主軸の方向がZ軸。

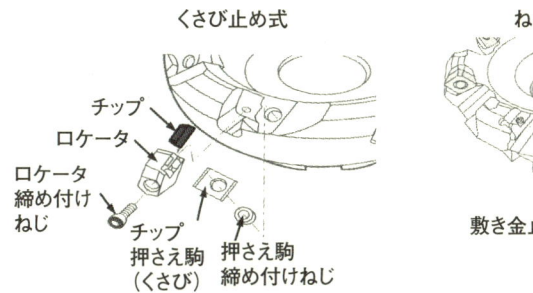

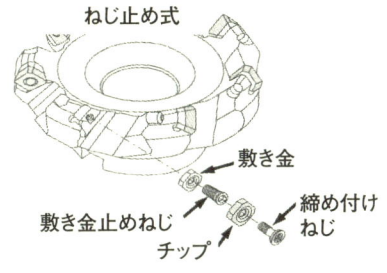

項目 カッタ種類	チップ クランプ力	チップの 強度	チップの 装着時間	切りくずポケット の大きさ	ボディーの 価格（参考）
くさび止め	○	◎	○	○	○
ねじ止め	◎	○	△	◎	◎

図4-57　正面フライスのチップの取り付け方式（タンガロイ）

正面フライ スのタイプ	おもな用途	刃先角度		
		コーナ角	中心方向すくい角	軸方向すくい角
A	鋳鉄一般 鋼の荒削り	25°〜30°	−5°〜−6°	−5°〜−6°
B	鋼、鋳鉄一般	15°〜30°	0°〜10°	0°〜10°
C	鋼の中〜重切削	15°〜30°	0°〜−15°	3°〜10°
D	鋼の一般	35°〜45°	0°〜−10°	3°〜15°
E	非鉄金属用	30°〜45°	5°〜10°	10°〜20°
F	難削材用	60°〜75°	−5°〜−10°	10°〜20°
G	鋼の仕上げ用	—	−5°〜−10°	−5°〜−10°
H	鋼、鋳鉄一般	0°	0°〜5°	−3°〜10°
I	ステンレス鋼 非鉄金属用	0°	0°〜8°	10°〜20°
J	鋼、鋳鉄一般	1°〜3°	3°〜10°	10°〜15°
K	高送り、彫込み	—	−5°〜10°	5°〜10°

表4-2　正面フライスの刃先角度による分類（佐藤、渡辺）

（6）正面フライスの取り付け

図4-58に正面フライスを立形フライス盤に取り付ける様子を示します。この場合はホルダ付きの正面フライスをアダプタを介してフライス盤の主軸に取り付けるものです。

図4-59にその時必要な用具を示します。まず最初にクイックチェンジアダプタをフライス盤の主軸に取り付けます。そしてそのアダプタにホ

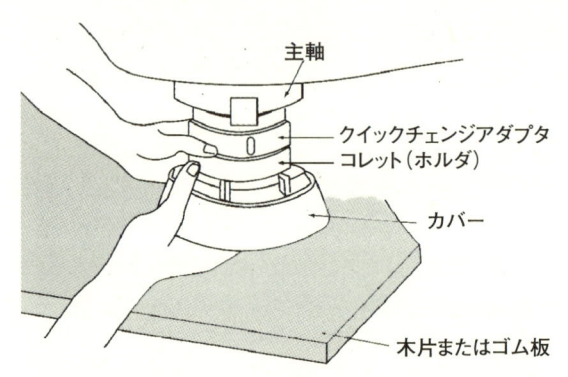

図4-58　正面フライスの立形フライス盤への取り付け

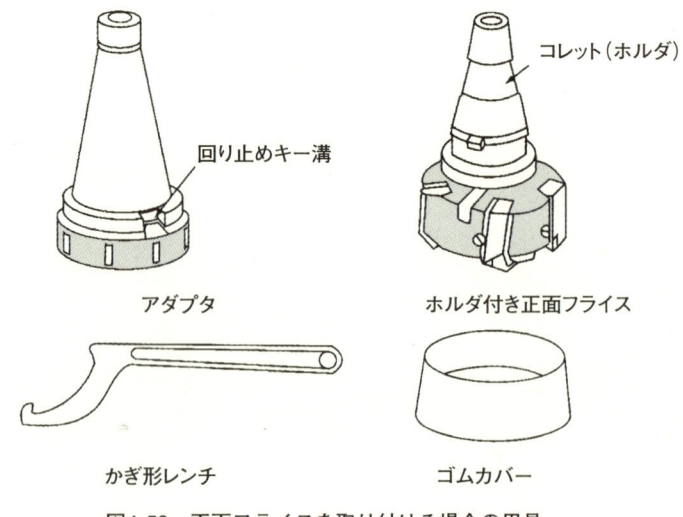

図4-59　正面フライスを取り付ける場合の用具

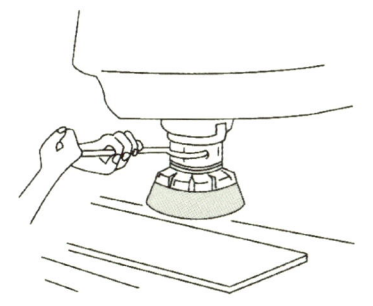

図4-60　かぎ形レンチによる正面フライスの固定

ルダ付きの正面フライスを取り付けます。この場合、正面フライスを落とす危険があるので、刃先にゴムカバーをかぶせます。またフライス盤のテーブルには、木とかゴムの板を敷いておきます。

図4-60にかぎ形レンチにより正面フライスの固定する様子を示します。正面フライスのコレットのキーをアダプタの溝に合わせ、フライスを装着した後、かぎ形レンチによりアダプタの固定ねじを締め、取り付けます。

図4-61に正面フライスの各種取り付け法の例を示します。図の(1)は、カッタアーバによる正面フライスの取り付け法です。この方法は直径175mm以下の正面フライスの取り付けに用いれら、カッタの穴をアーバのフランジ部に合わせ、ボルト締めするものです。

また(2)は、直径が200mm以上の正面フライスを取り付ける場合の方法です。この方法は、フライス盤の主軸に取り付けたセンタリングプラグにカッタの穴を合わせて、4本のボルトで締め付けて装着するものです。そして(3)は、マシニングセンタ用のアーバに正面フライスを取り付ける方法で、直径が160mm以下のカッタをアーバにねじ止めするものです。

また(4)は、クイックチェンジホルダにより正面フライスを取り付ける方法で、直径の小さな正面フライスを装着する場合に用いられます。この方法は、正面フライスを固定する力が弱いので、重切削には適用できません。

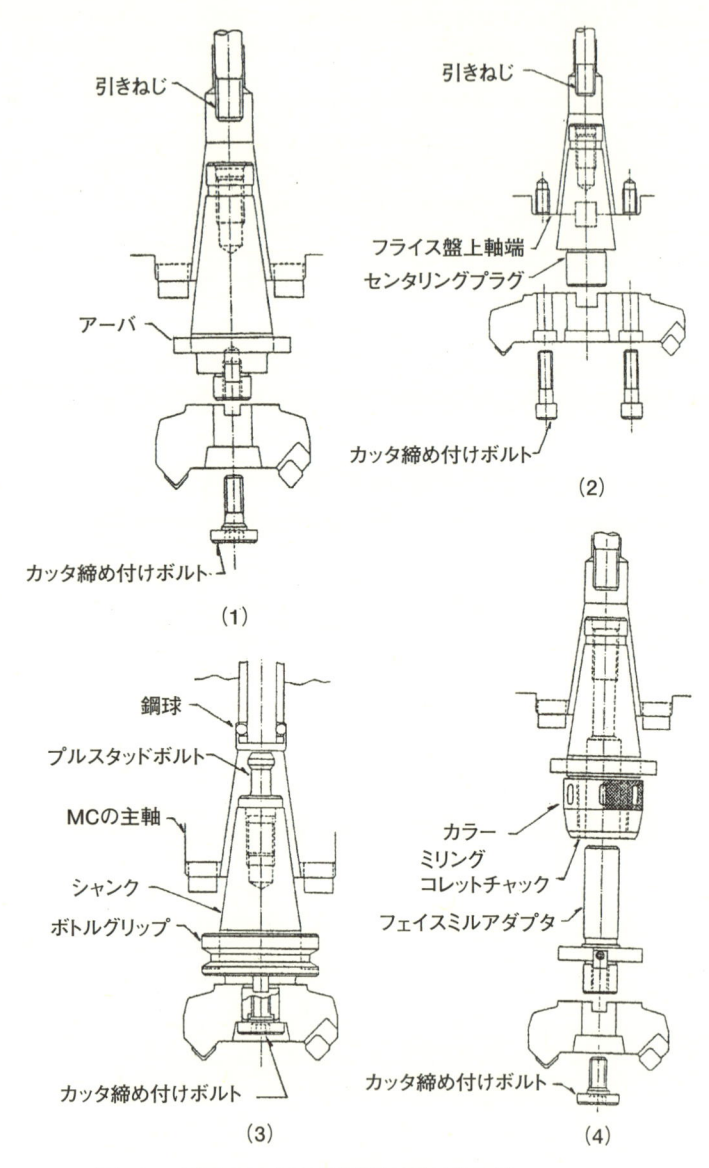

図4-61 正面フライスの各種取り付け法の例 (タンガロイ)

4-4 エンドミル

（1）エンドミルとその用途

　図4-62に各種高速度工具鋼製エンドミルを示します。この場合は、高速度工具鋼に窒化チタンがコーティング（PVD）されています。用途に応じて、いろいろな形状・寸法のエンドミルが市販されています。

　また図4-63に超硬合金製の各種エンドミルを示します。この場合も同様に、用途に応じていろいろな形状・寸法のエンドミルが市販されています。

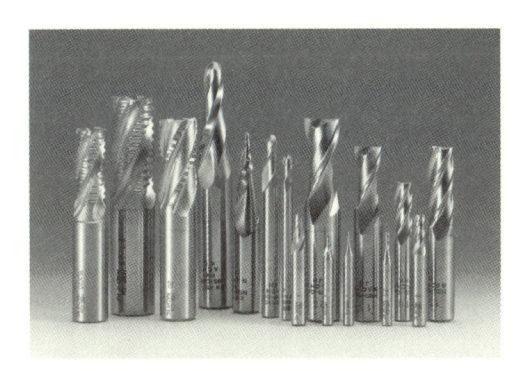

図4-62　各種高速度工具鋼エンドミル（不二越）

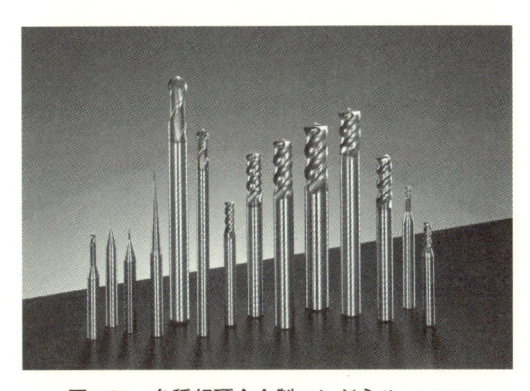

図4-63　各種超硬合金製エンドミル（不二越）

図4-64にエンドミルの溝加工の例を示します。立形フライス盤とエンドミルを用いて、このような溝加工を行う場合は、横形のものと比較して工具の着脱が容易で汎用性が高く、そして精度が出しやすいという利点があります。

　また**図4-65**にマシニングセンタを用いて、3次元自由曲面の加工を行っている例を示します。最近はコンピュータ技術の進展により、このような複雑形状の加工が容易に行えるようになってきました。コンピュータにより、工具座標を計算し、そして工具の動きを制御するものです。通常、CAD（コンピュータ援用設計）・CAM（コンピュータ援用生産）と呼ばれています。このようなCAD/CAMシステムを利用した加工においては、エンドミルは欠くことのできない切削工具です。

図4-64　エンドミルによる溝加工の例（不二越）

図4-65　マシニングセンタによる加工例（東芝機械）

第4章 ● 知っておきたい切削工具の基礎知識

溝切削　　すみ削り　　外周切削

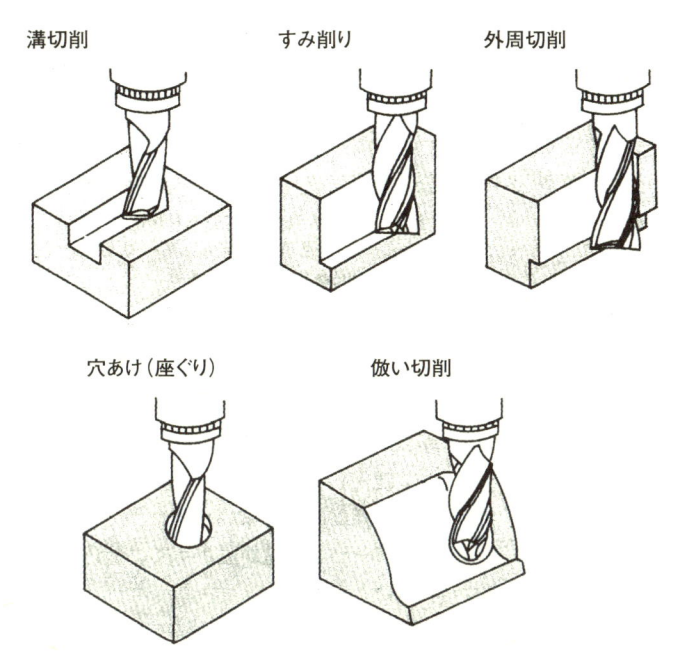

穴あけ（座ぐり）　　倣い切削

図4-66　エンドミルによる各種切削加工（オーエスジー）

　図4-66にエンドミルを用いた各種切削加工の例を示します。エンドミルを用いた切削は、溝切削、すみ切削、外周切削、穴あけ、および倣い切削に分類されます。加工形状など作業目的に応じて、エンドミルの形状および寸法などを適切に選択することが大切です。

（2）エンドミル各部の名称

　図4-67にエンドミル各部の名称を示します。エンドミルは切れ刃であ

（刃部）（首部）（シャンク部）
テーパシャンク
刃径(D)
刃長(B)　首長　シャンク長
全長(A)
首径
引ねじ
タング
テーパシャンク
ストレートシャンク
シャンク径(C)

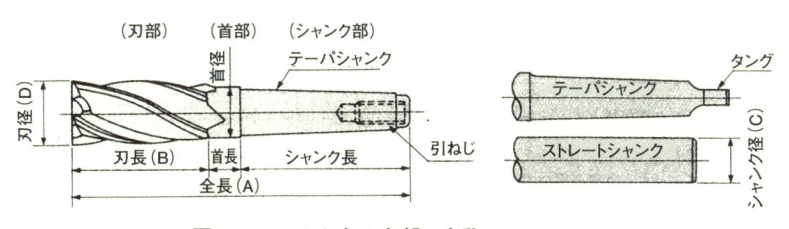

図4-67　エンドミル各部の名称（オーエスジー）

123

る刃部、切れ刃が形成されていない首部および工具の柄で、保持に必要なシャンク部に分かれています。そしてエンドミルの形状は、刃径、刃長、全長および刃数で表されます。またシャンクはストレートシャンクとテーパシャンクに区分されます。

（3）エンドミル切れ刃の諸角度

図4-68にエンドミルの諸角度を示します。エンドミルの諸角度として

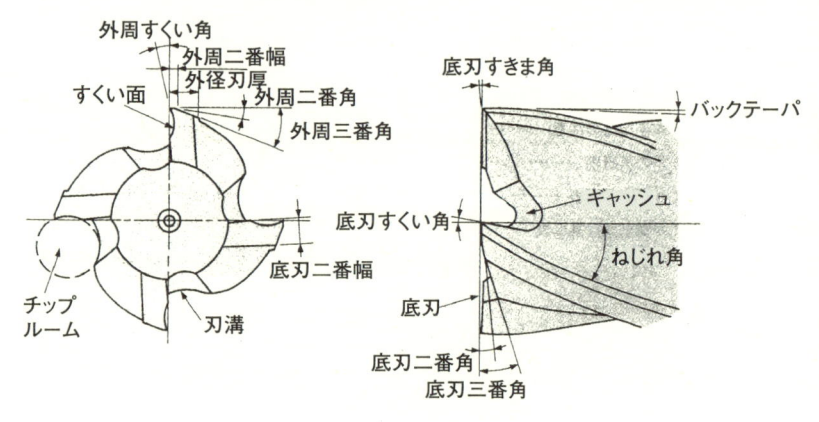

図4-68　エンドミル切れ刃の諸角度（オーエスジー）

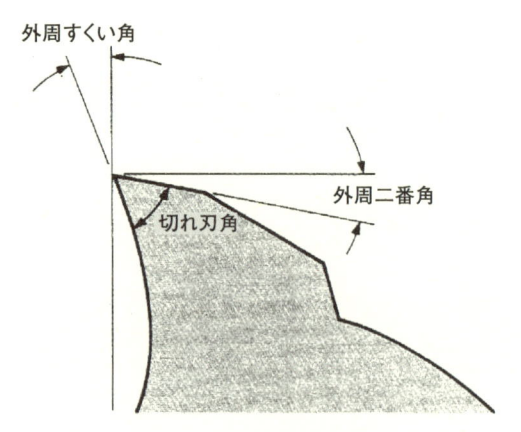

図4-69　外周すくい角と外周二番角（オーエスジー）

は、外周すくい角、底刃すくい角、外周二番角、外周三番角、底刃二番角、底刃三番角、底刃すきま角およびねじれ角があります。

図4-69に外周すくい角と外周二番角を示します。エンドミルの切れ刃角はこれら、外周切れ刃角と外周二番角により決まります。

外周すくい角や外周二番角を大きくすると、切れ刃角が小さくなり、エンドミルの切れ味がよくなります。しかしながら刃先強度が低下し、びびり振動やチッピングが発生しやすくなります。また反対に小さすぎると、エンドミルの切れ味が悪く、切削抵抗が大きくなります。

図4-70にエンドミルのねじれ角を示します。ねじれ角が大きいと刃先が鋭利になり、切削抵抗が減少します。しかしながら刃先が欠けやすく、工具寿命が短くなる場合があります。またねじれ角が小さすぎると、摩耗量が少ない場合でもびびりなどが発生し、工具寿命が短くなります。

表4-3にエンドミルのねじれ角の特性を示します。通常、キー溝加工には、15°程度のねじれ角のものが使用されます。またねじれ角が30°程度の場合に、表面粗さや逃げ面摩耗が小さくなるので、一般的な加工にはこのねじれ角が用いられます。そしてねじれ角が大きくなると、表面粗さが向上し、外径減耗量が減少するので、輪郭切削にはねじれ角の大きなエンドミルが使用されます。

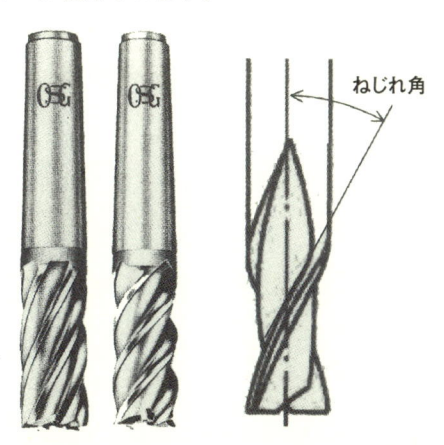

図4-70 エンドミルのねじれ角 (オーエスジー)

ねじれ角の区分	切削抵抗			加工面精度			寿命			再研削	
	切削トルク	曲げ抵抗	垂直分力	粗さ	うねり	軸線の傾き	逃げ面摩耗	外径減耗量	折損	外周逃げ面	底刃
弱ねじれ角（≒15°）	△	△	○	△	○	○	△	×	△	○	○
標準ねじれ角（≒30°）	○	○	△	○	△	△	○	△	○	○	○
強ねじれ角（≒50°）	○	○	×	○	×	△	△	○	×	△	△

エンドミルの使用上から判断して　○：優　△：良　×：可

表4-3　エンドミルのねじれ角の特性

（4）エンドミルの諸要素

　図4-71にエンドミルの刃数を示します。刃数が少ないエンドミルはチップポケットが大きく、切りくずの排出能力が高くなります。しかしながら工具断面積が小さく、剛性が低下するので、切削中にたわみが生じやすくなります。そのため浅い溝切削の場合は、切りくずのつまりやびびり振動の心配がないので、刃数の多いエンドミルを用います。この場合には、テーブル速度を高くでき、高能率となります。反対に深い溝切削では、切りくずの排出が問題となるので、刃数の少ないエンドミルを用

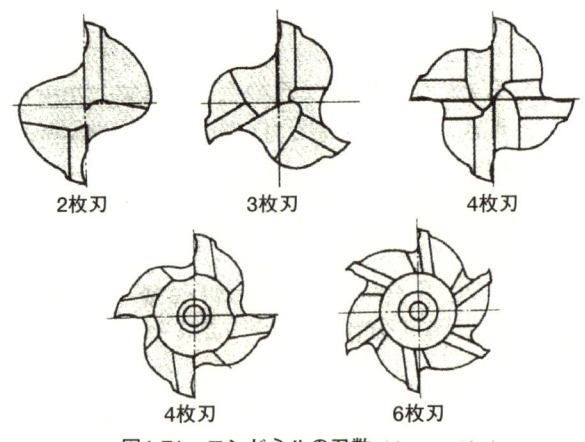

2枚刃　　3枚刃　　4枚刃

4枚刃　　6枚刃

図4-71　エンドミルの刃数（オーエスジー）

◎優 ○良

区分	特性項目		刃数	
			2枚刃	4枚刃
エンドミルの強度	ねじり剛性 曲げ剛性		○ ○	◎ ◎
加工面精度	表面粗さ うねり 加工面の傾き		○ ○ ○	◎ ◎ ◎
寿命 S50C（HB200）〜 SKD11（HB320）	送り量一定 （mm/刃）	摩耗寿命 折損寿命	○ ○	◎ ◎
	送り速度一定 （mm/min）	摩耗寿命 折損寿命	○ ○	◎ ◎
切りくず処理	切りくずづまり 切りくずの排出性		◎ ◎	○ ○
再研削	外周逃げ面研削 底刃研削		◎ ◎	○ ○
形状修正	ボール形状、テーパ形状		◎	○
穴あけ	座ぐり 加工面の粗さ 穴の拡大		◎ ◎ ◎	○ ○ ○
切削量	仕上げ切削 軽切削 重切削		○ ○ ○	◎ ◎ ◎
溝切削	切りくず排出 溝の拡大・偏心 キー溝切削		◎ ◎ ◎	○ ○ ○
端面切削	加工面精度 びびり振動		○ ◎	◎ ○
被削材	合金鋼 鋳鉄 非鉄 難削材（高硬度材含）		○ ○ ◎ ○	◎ ◎ ○ ◎

表4-4　エンドミルの刃数選択の目安

います。

　また側面切削の場合は切りくずの排出の問題がないので、剛性の大きな刃数の多いエンドミルを用います。刃数が多いと剛性が高く、たわみが生じにくいので、加工精度や表面粗さが良好になります。

　表4-4にエンドミルの刃数選択の目安を示します。表は2枚刃と4枚刃のエンドミルを比較したものです。同一の刃数ですべての加工に対応することができないことがわかります。そのため、作業目的に応じて適切な刃数を選択する必要があります。

　図4-72にエンドミルの刃長を示します。刃長には、ショート刃、標準刃およびロング刃があります。エンドミルの刃長は、加工する深さなどにより決定しますが、その突き出し長さが大きくなると、剛性が低くなります。

　図4-73にエンドミルの刃長とたわみの関係を示します。同じ直径のエンドミルの場合、刃長が長く、突き出し長さが大きくなると、たわみが生じやすくなります。たとえば刃長が短く、突き出し長さが短い場合とその突き出し長さが2倍長い場合を比較すると、同じたわみ量を生じる力の大きさは1/8になります。そのため作業目的を満足する条件下で、できるだけ短いエンドミルを使用する必要があります。

ショート刃　　標準刃　　ロング刃

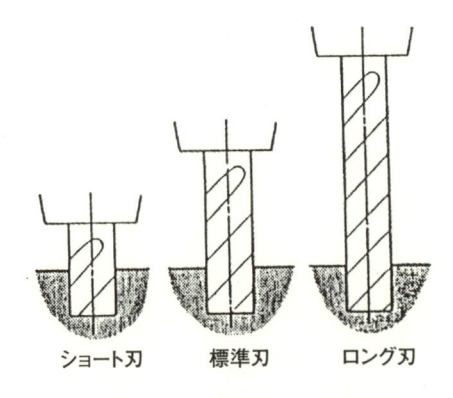

図4-72　エンドミルの刃長

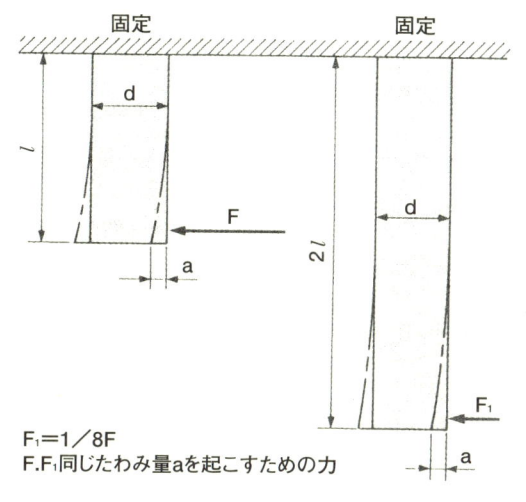

$F_1 = 1/8 F$
F.F_1 同じたわみ量aを起こすための力

図4-73 エンドミル刃長とたわみ (オーエスジー)

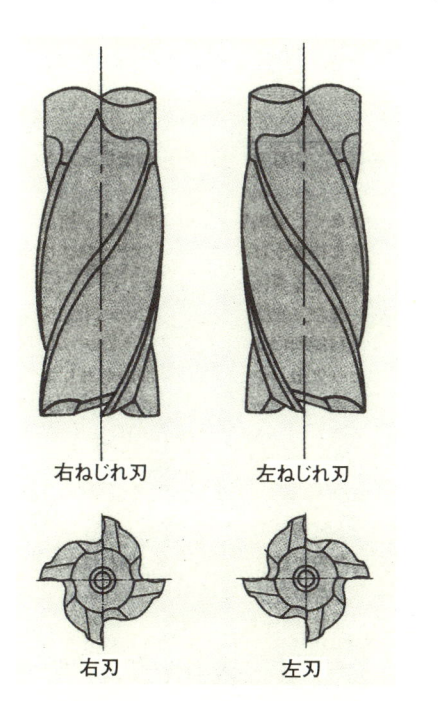

右ねじれ刃　　左ねじれ刃

右刃　　左刃

図4-74 エンドミルのねじれ方向と切れ刃の向き (オーエスジー)

第4章 ● 知っておきたい切削工具の基礎知識

図4-74にエンドミルのねじれ方向と切れ刃の向きを示します。エンドミルのシャンク側から見て、切れ刃が右側にあるのが右刃で、左側にあるのが左刃です。そのためエンドミルのねじれ方向と切れ刃の向きの組み合わせにより、その種類は4通りとなります。そして工作物の材質や加工形状によって、その組み合わせが決定されます。

　図4-75に示すように、右刃右ねじれの場合は切りくずがエンドミルの切れ刃に沿ってスムーズ上がってくるので、良好な切削ができます。一方、右刃左ねじれや左刃左ねじれの場合は、切りくずが下に向かいます。そのため底面の仕上がりが悪く、工具寿命も短くなります。通常は、右刃右ねじれのエンドミルを使用します。

　エンドミルの外周刃形状としては、直線切れ刃、波状切れ刃およびニック付切れ刃の3種類があります。図4-76にこれらのエンドミルを示します。直線切れ刃は普通のエンドミルのもので、外周の直線切れ刃にねじれがあります。また波状切れ刃のものは、ラフィングエンドミル（図1-18参照）と呼ばれています。このエンドミルは外周切れ刃が波状のもので、切削抵抗を軽減し、重切削に耐えるように設計されています。ただしこのエンドミルは荒削り用なので仕上げ面は粗くなります。そしてニック付エンドミルは、直線切れ刃の一部にニック（きざみ）加工を行ったものです。ラフィングエンドミルと同様、切削抵抗を軽減し、重切削ができるようにしたものですが、ニック付エンドミルの方がかなり良

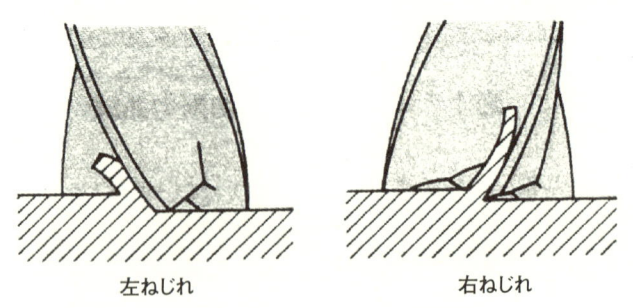

左ねじれ　　　　　　　　右ねじれ
右刃の左ねじれと右ねじれの切削
図4-75　エンドミルのねじれ方向と切削作用（オーエスジー）

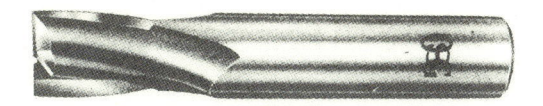

直線切れ刃エンドミル

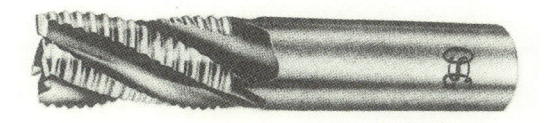

波状切れ刃エンドミル

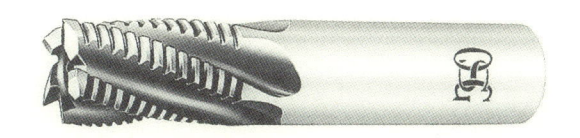

ニック付き切れ刃エンドミル

図4-76　エンドミルの切れ刃形状 (オーエスジー)

センターカットタイプ 　　　　　　　センター穴タイプ

図4-77　エンドミルの底刃形状 (オーエスジー)

い仕上げ面が得られます。

　図4-77にエンドミルの底刃形状を示します。底刃の形状としては、センターカットタイプとセンター穴タイプがあります。センター穴タイプのエンドミルは、中心部に刃がないので、垂直方向の穴あけ加工はできません。しかしながらセンター穴があるので、工具研削時に工具研削盤

のセンターでエンドミルを支持するのに便利です。一方、センターカットタイプは中心部に刃があるので、垂直方向の穴あけ加工をはじめ、あらゆる加工に対応できます。

図4-78に各種エンドミルと刃先形状を示します。エンド形状にはスクエア、ラジアスおよびボールの3種類があります。またそれぞれ円筒刃とテーパ刃の2種類があります。この他、総形エンドミルがあるので、合計7種類となります。

通常、スクエアエンドミルは溝加工用のもので、テーパエンドミルは金型の抜き勾配など、勾配加工用のものです。またボールエンドミルは形彫りのならい加工やコーナアールの仕上げ加工に用いられます。

図4-79にコレットによるエンドミルの取り付け例を示します。エンドミルホルダとして最も多く使用されているのはストレートコレット方式

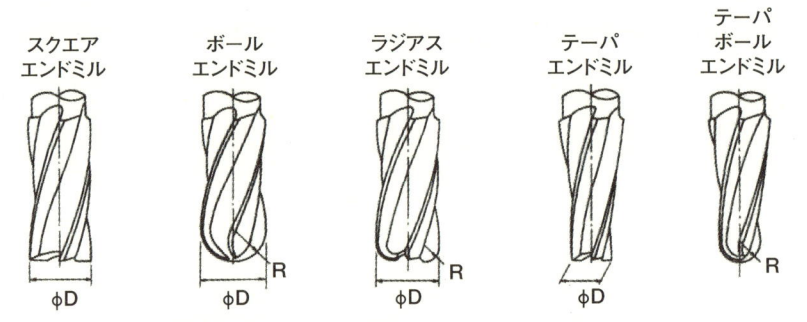

| スクエア
エンドミル | ボール
エンドミル | ラジアス
エンドミル | テーパ
エンドミル | テーパ
ボール
エンドミル |

図4-78　各種エンドミルとエンド形状（タンガロイ）

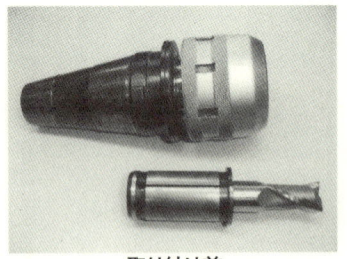

取り付け前 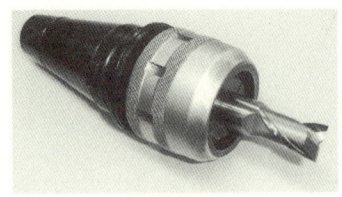　　　　　　　取り付け後

図4-79　コレットによるエンドミルの取り付け

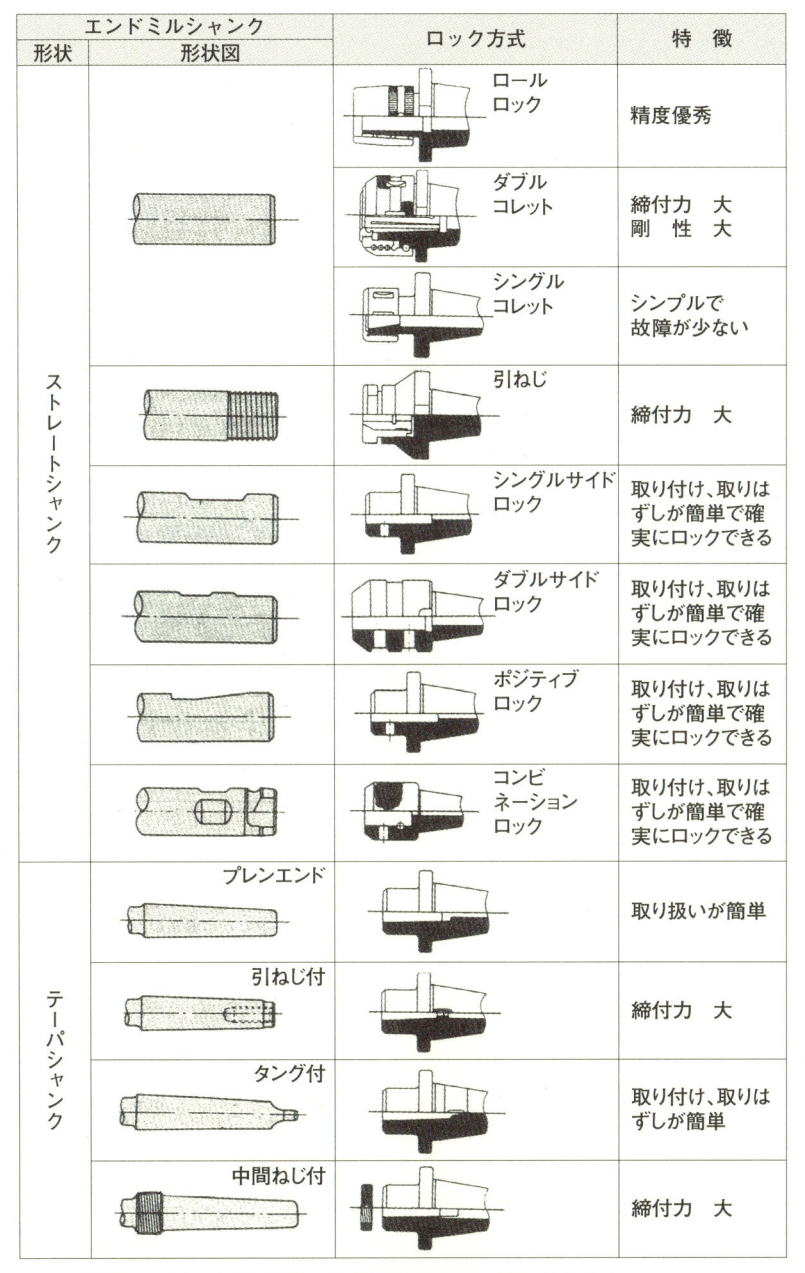

エンドミルシャンク		ロック方式		特徴
形状	形状図			
ストレートシャンク	(円筒)		ロールロック	精度優秀
			ダブルコレット	締付力　大 剛　性　大
			シングルコレット	シンプルで故障が少ない
	(ねじ付)		引ねじ	締付力　大
	(片切欠)		シングルサイドロック	取り付け、取りはずしが簡単で確実にロックできる
	(両切欠)		ダブルサイドロック	取り付け、取りはずしが簡単で確実にロックできる
	(片切欠)		ポジティブロック	取り付け、取りはずしが簡単で確実にロックできる
	(複合)		コンビネーションロック	取り付け、取りはずしが簡単で確実にロックできる
テーパシャンク		プレンエンド		取り扱いが簡単
		引ねじ付		締付力　大
		タング付		取り付け、取りはずしが簡単
		中間ねじ付		締付力　大

図4-80　エンドミルのシャンク形状とチャッキング方式 (オーエスジー)

のミーリングチャックです。この方法はエンドミルを割りブッシュに挿入し、それをコレットに取り付け、そして鍵スパナで締め付け、固定するものです。

　図4-80にエンドミルのシャンク形状とチャッキング方式を示します。エンドミルのシャンクの形状は、ストレートシャンクとテーパシャンクに区分され、それぞれに応じて多くのチャッキング方式が開発されています。

　表4-5にチャッキング方式の特性比較を示します。一つのチャッキング方式で、すべての項目を満足するものはありません。全体としてはストレートコレット方式が優れています。そのため一般的なエンドミル加工においてはストレートコレット方式が多く用いられています。

項　目	ストレート コレット方式	サイドロック 方　式	テーパシャンク 引ねじ方式
保持力	△	△	○
チャッキング精度	△	×	○
耐久性	△	△	○
工具交換の難易	○	○	×
チャックの汎用性	○	×	△
工具費	○	△	×

○：良または安いもの　△：やや良　×：悪または高価なもの

表4-5　チャッキング方式の特性比較

アップカット（上向き削り）とダウンカット（下向き削り）

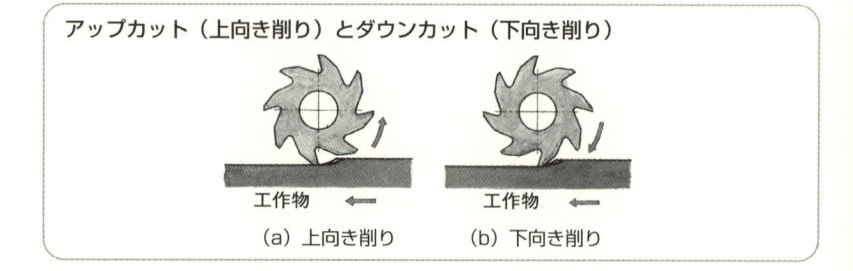

（a）上向き削り　　（b）下向き削り

4-5 ● ドリル

(1) ドリルとその使い方

　ドリルによる穴あけ加工は、機械加工のなかでは基本的なものです。機械部品で穴のないものはほとんどありません。そのため穴の直径や深さなどに応じて多くの種類のドリルが作られています。図4-81にその例を示します。高速度工具鋼のドリルや超硬合金のもの、またコーティングをしたものなど、多種多様です。また図4-82にドリルによる穴加工の様子を示します。

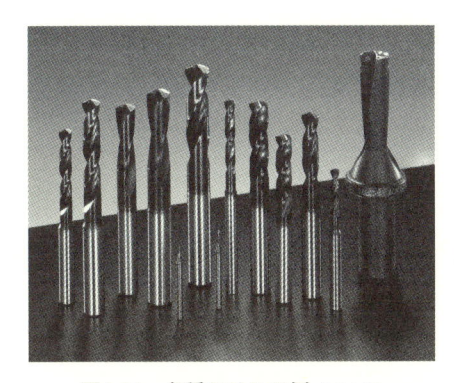

図4-81　各種ドリルの例　(不二越)

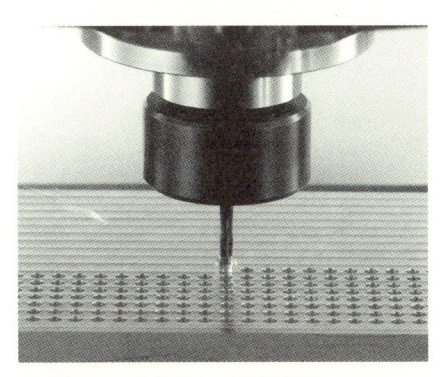

図4-82　ドリルによる穴あけ　(不二越)

ドリルによる穴加工の場合、中心部の切削速度がゼロであるという特徴があります。また必要とされる穴径よりもドリルの直径は小さくなくてはなりません。また穴が深くなると切りくずの排出が困難で、また切削油剤も入りにくいという不都合もあります。そのためとりわけドリルによる小径深穴加工は非常に難しい加工といえます。

　ドリルを用いた穴あけの方法には、**図4-83**に示す工作物回転方式と図**4-84**の工具回転方式とがあります。工作物回転方式は通常、旋盤を用い

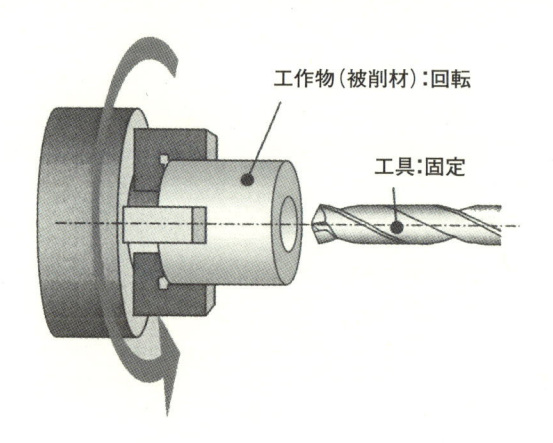

図4-83　工作物回転方式による穴あけ（タンガロイ）

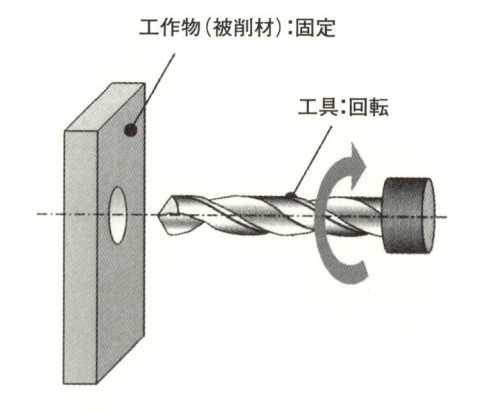

図4-84　工具回転方式による穴あけ（タンガロイ）

る穴あけで、心押し台にドリルを取り付けて行います。また工具回転方式は、ボール盤やフライス盤を用いて行う穴あけです。

（2）ドリルの種類と各部の名称

　一口にドリルといっても非常に多くの種類があります。刃部の材料、構造、刃溝のねじれ、シャンクの形態、溝の形状、長さおよび機能や用途によってドリルは分類されています。その例として、図4-85に各種ツイストドリルの例を示します。

　このようにドリルには非常に多くの種類がありますが、その基本的な要素は、図4-86に示す切れ刃と溝です。切れ刃は切りくずを生成するもので、また溝はその生成された切りくずを排出するためのものです。

　図4-87にツイストドリルの各部の名称を示します。ドリルのねじれ角は、バイトなどのすくい角と同様に考えられます。ねじれ角を大きくすると切れ味がよくなり、切削抵抗が小さくなる傾向があります。しかし、

ストレートシャンクドリル

テーパシャンクドリル

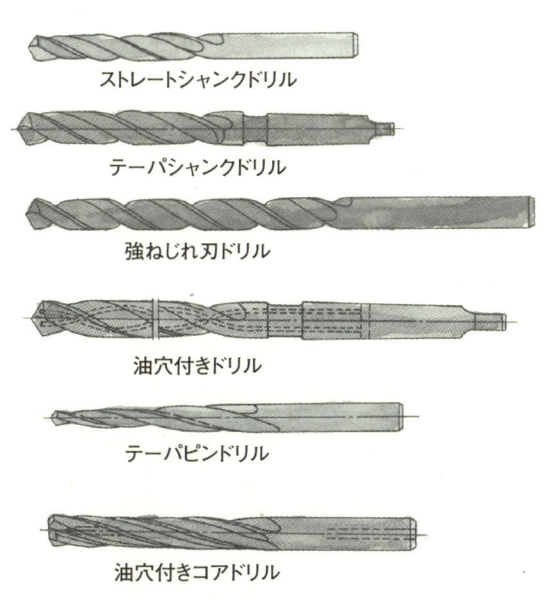

強ねじれ刃ドリル

油穴付きドリル

テーパピンドリル

油穴付きコアドリル

図4-85　各種ツイストドリルの例

第4章　知っておきたい切削工具の基礎知識

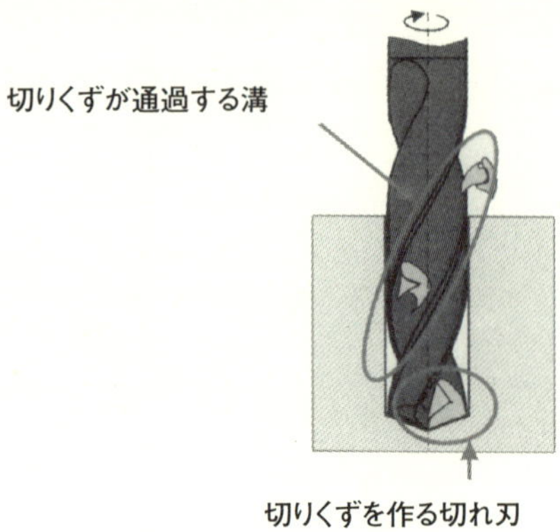

図4-86　ドリルの基本要素（タンガロイ）

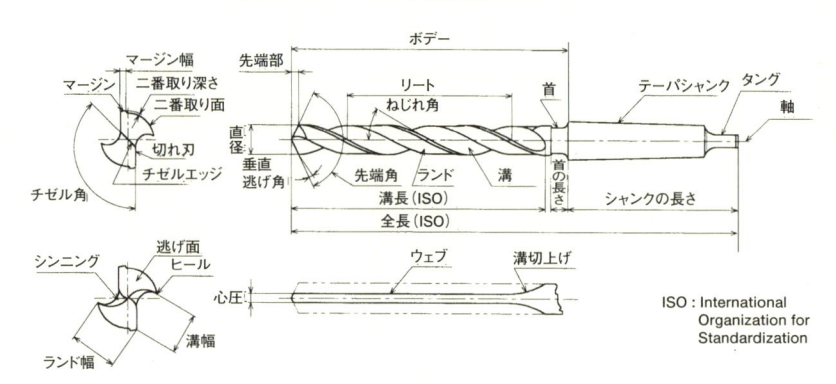

図4-87　ツイストドリルの各部の名称（オーエスジー）

ISO : International Organization for Standardization

ドリルの種類	ねじれ角	
汎用ドリル	20°～35°	JIS B 4310他による鋼、鋳鉄一般
強ねじれドリル	20°～40°	アルミ合金用
ターボ形ドリル	25°～35°	深穴用、高送り用
超硬ドリル　ソリッドタイプ	20°～30°	
超硬ドリル　難削材用	10°～15°	

表4-6　ドリルのねじれ角の推奨値（佐藤、渡辺）

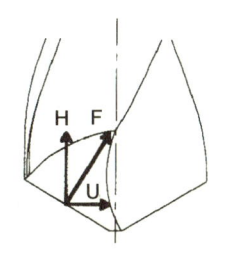

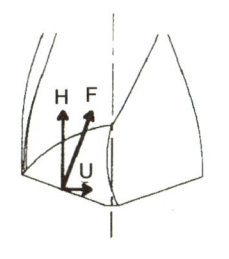

図4-88　ドリルの先端角とスラスト抵抗（オーエスジー）

あまり大きくするとドリルの剛性が低下するので、通常の汎用ドリルではその値が約30°になっています。そして硬い工作物の場合はねじれ角を小さくし、また軟らかい場合は大きくします。**表4-6**に各種ドリルのねじれ角の推奨値を示します。

　またドリルの先端角は通常、118°です。そして硬質の工作物には先端角を大きくし、また軟質の場合は小さくします。

　図4-88にドリルの先端角とスラスト抵抗を示します。図中のFは切削抵抗、Uは回転力そしてHがスラスト抵抗になります。先端角が大きくなると、スラスト抵抗が大きくなります。また**表4-7**に工作物材質と先端角の推奨値を示します。硬質のマンガン鋼や合金鋼などの場合は先端角が大きく、135°〜150°で軟質の非金属や非鉄金属の場合は小さくなっています。そのため工作物の材質によって適切な先端角を選択する必要があります。

　図4-89にドリルの逃げ角を示します。逃げ角は、通常6°〜15°となっています。硬質材料を先端角の大きなドリルで穴あけする場合は、逃げ角を小さく、また軟質材料を先端角の小さなドリルで穴あけする場合は大きくします。

　逃げ角はドリルと工作物間の逃げを決定するものなので、逃げが少ないと切削熱により加工中に焼き付きが生じやすくなります。また逃げを多くとると、刃先が弱くなり、チッピングや欠けが発生しやすくなります。

被削材質	先端角
鋳　鉄（軟）　BHN150	90°〜118°
〃　　（中）　BHN175	90°〜118°
〃　　（硬）　BHN250	118°〜135°
鋳鋼	118°
軟鋼または快削鋼	118°
鍛鋼（焼なまし済）	118°〜125°
マンガン鋼（7〜13％Mn）	135°〜150°
ステンレス鋼	118°〜140°
合金鋼	125°〜145°
合金鋼（BHN300）	140°〜150°
アルミニウム合金（浅穴）	90°〜120°
アルミニウム合金（深穴）	118°〜130°
アルミ青銅、マンガン青銅	118°
銅合金	110°〜130°
軟黄銅、軟青銅	118°
快削用黄銅、軟青銅	118°〜125°
亜鉛ダイカスト	80°〜135°
マグネシウム合金（浅穴）	70°〜118°
マグネシウム合金（深穴）	118°
合成樹脂、ベークライト	90°〜118°
鋳造合成樹脂	60°〜90°
硬質ゴム	60°〜90°
ファイバー	60°〜90°
スレート	118°
木	60°〜70°
大理石	90°

表4-7　工作物材質と先端角（三菱マテリアル）

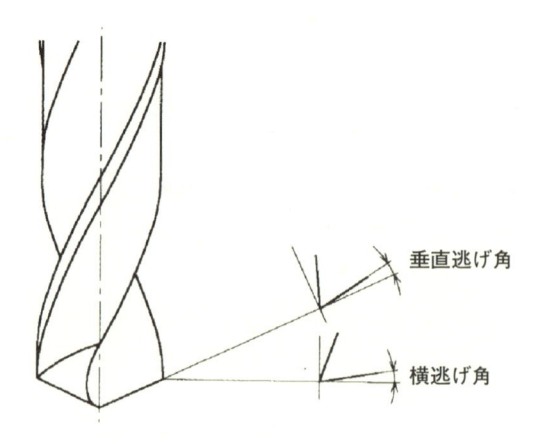

図4-89　ドリルの逃げ角（オーエスジー）

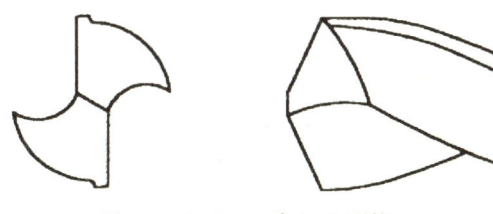

図4-90　ドリルのポイント形状

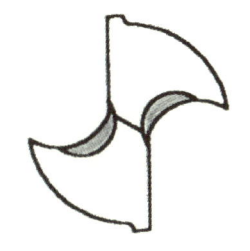

シンニングなし　　　　S形シンニング

図4-91　ドリルのシンニング

　図4-90にドリルのポイント形状の代表例を示します。このポイント形状は円錐研磨と呼ばれており、汎用で一般のドリルに用いられています。この他、ポイント形状には多くの種類があり、用途に応じて使い分けられています。

　図4-91にドリルのシンニングを示します。ドリルの中心部は切削速度がゼロなので、大きなスラスト力が作用します。そこでドリルの心厚を薄くし、スラスト力を軽減するために設けられるのがシンニングです。このシンニングを設けることにより、ドリルの工作物への食いつきがよくなり、また切りくずの排出性も改善されます。S形シンニングは汎用で、一般のドリルに多く適用されます。この他、いろいろなシンニング法があり、作業目的に応じて使い分けられています。

(3) ドリルの取り付け

　図4-92に一般的に多く使用されているストレートおよびテーパシャンクドリルを示します。シャンクの形状により多くのドリル取り付け法があります。

　図4-93にストレートシャンクドリルの取り付けに用いられるドリルチャックを示します。このドリルチャックは13mm以下のドリルに用いられ、ボール盤や旋盤などで使用されます。

　図4-94にドリルのシャンク形状と取り付け具およびその特徴を示します。ストレートシャンクで、直径の大きなドリルや精度の高い取り付けには、ミーリングチャックやコレットチャックを用います。またタング付きのテーパシャンクドリルには、テーパシャンクホルダを用います。テーパシャンクホルダは、比較的、大きな直径のドリルに用いられ、着脱が容易であるという特徴があります。そしてボール盤や旋盤による穴加工に多く用いられます。

　図4-95にドリルの取り付け法の善し悪しを示します。ドリルの取り付けには、ミーリングチャックなど高剛性・高精度のコレットを用います。

図4-92　ストレートおよびテーパシャンクドリル

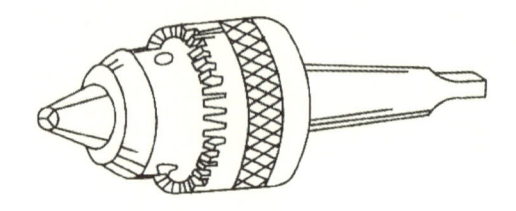

図4-93　ドリルチャック

ドリルチャックによる取り付けなど、締め付け力が弱く、精度の低い取り付け法は旋盤やボール盤などを用いた小径ドリルの穴あけに適用します。またドリルの突き出し長さはできるだけ短くし、またまた刃部を保持しないようにすることが大切です。

ドリル取付部	保持具		振れ精度	特徴
プレインストレートシャンク	ミーリングチャック 		◎	把握力大 エンドミル用 高精度
	シュリンクホルダ 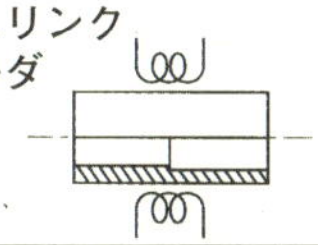		◎	着脱に専用の加熱（冷却）装置が必要 スリムで把握力、気密性も高い
	コレットチャック 		○	精度の良い汎用 小径に向く
	ドリルチャック 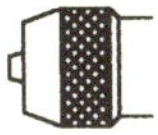		×（アルブレヒト型） ○（キーレス型）	汎用 把握力が小さく、太径や重切削には不向き
フラット付きストレートシャンク 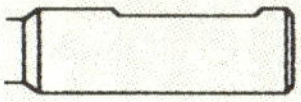	サイドロックホルダ 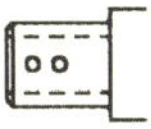		○	太物用 オイルホール用 スリップの心配がない
テーパシャンク 	テーパシャンクホルダ 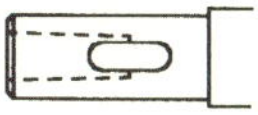		◎	着脱容易 多軸機、ボール盤などに多用される 把握力が大きく、太径に向く
タング付きストレートシャンク 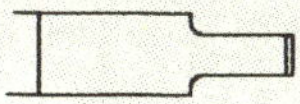	テーパホルダ＋ドライバ 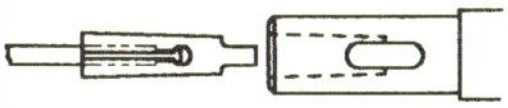		×	ロングドリル用 ホルダがシンプルでスリム 着脱容易

図4-94　ドリルシャンクの形状と取り付け具　(オーエスジー)

第4章 ● 知っておきたい切削工具の基礎知識

143

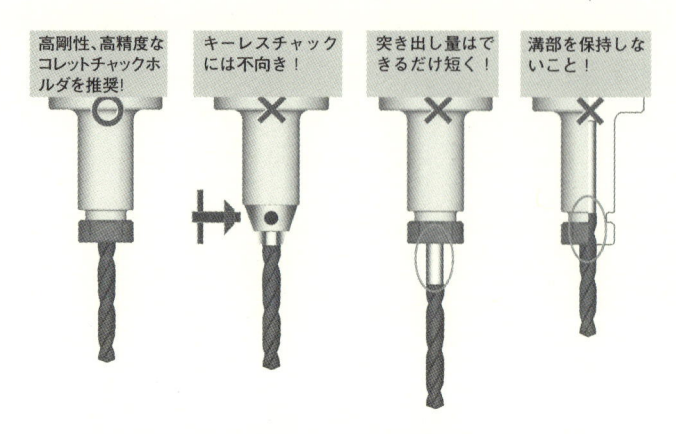

図4-95　ドリルの取り付け法の善し悪し（タンガロイ）

（4）ドリルの摩耗

どのように鋭利なドリルでも、長く切削を続けていると、工具摩耗や損傷を生じ、切れ味が悪くなります。

図4-96にドリルの摩耗を示します。切削時にこれらの摩耗量が所定の

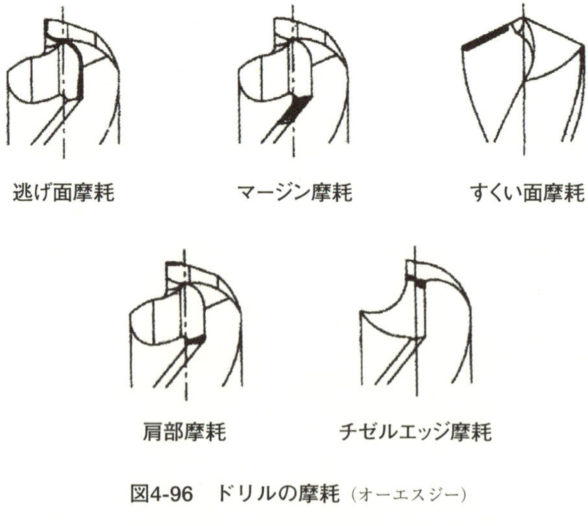

逃げ面摩耗　　マージン摩耗　　すくい面摩耗

肩部摩耗　　チゼルエッジ摩耗

図4-96　ドリルの摩耗（オーエスジー）

値になり、工具寿命になったならば再研削が必要です。通常は穴の形状・寸法精度の悪化、仕上げ面の悪化、切りくずの色や形の変化、切削抵抗（電流値）の増大および振動の発生などにより、工具寿命が判断されています。

穴の種類と名称

貫通穴（通し穴）／止まり穴／断続穴／段付穴／テーパ穴／ねじ穴／センター穴※　など

※センター穴とは：
丸棒などの軸の中心を決める穴

ボール盤などで加工する穴の種類には、貫通穴、止まり穴、断続穴、断付穴、テーパ穴、ねじ穴およびセンター穴などがある（三菱マテリアル）

穴加工の方法

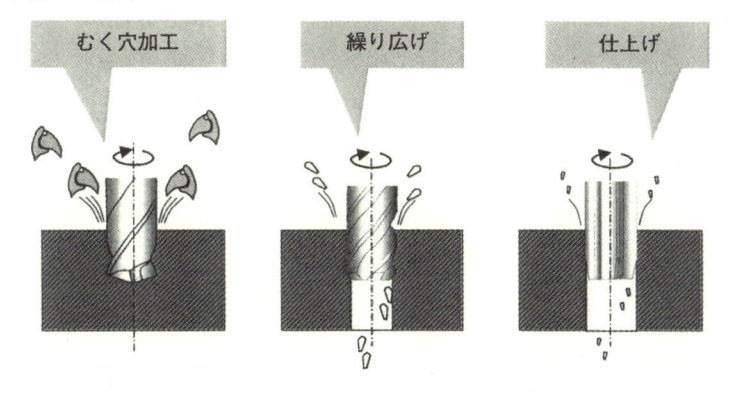

むく穴加工／繰り広げ／仕上げ

穴加工の方法には、むく穴加工、繰り広げおよび仕上げがある（三菱マテリアル）

第4章 ● 知っておきたい切削工具の基礎知識

第5章

知っておきたい切削油剤の基礎知識

　切削工具は、非常な高温・高圧という極限条件下で使用されるので、自動車のエンジンの潤滑と同様に、切削油剤の選択とその供給方法が非常に重要です。一方で、地球環境問題が提起され、極圧添加剤の入らない切削油剤の開発、またその油剤使用量の軽減を目的としたドライ切削およびセミドライ切削の開発と普及も進んでいます。

5-1 ● 切削油剤の種類と働き

(1) 切削油剤の作用

　図5-1に切削油剤の作用を示します。切削時には通常、非常な高温・高圧状態になります。そして工作物と切削工具間の摩擦・摩耗および発熱などは工具寿命や機械部品の形状・寸法精度に影響します。そのため製品の形状・寸法精度と表面品質の向上、切削抵抗の軽減、工具寿命の延長および切りくず処理性の向上などを目的として、切削油剤が多く使用されています。高温高圧という極限条件下で使用される切削油剤には、潤滑、抗溶着、浸透、冷却、洗浄および錆止めなどの作用があります。

(2) 切削油剤の効果

　表5-1に切削油剤を使用する目的、切削油剤の働きおよび切削油剤の基本性能を示します。寸法精度を向上するためには、工具摩耗と工作物の熱膨張の抑制が必要となります。そのためには切削油剤の基本性能として潤滑、抗溶着および冷却作用が大切です。また工具寿命の延長についても同様です。このように目的に応じてそれぞれ切削油剤の基本性能が必要とされます。

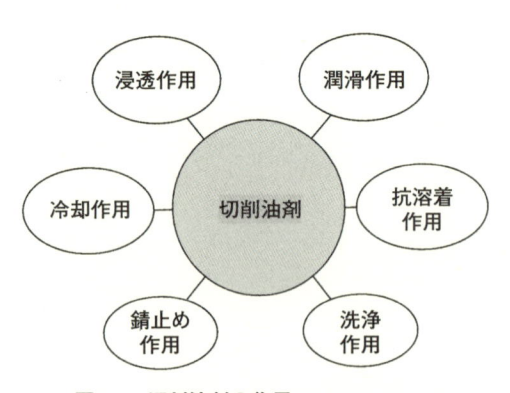

図5-1　切削油剤の作用（切削油技術研究会）

目的	働き	基本性能				
		潤滑作用	抗溶着作用	冷却作用	錆止め作用	洗浄作用
寸法精度の向上	工具摩耗の抑制	○	○	○		
	熱膨張の抑制			○		
仕上げ面粗さの向上	構成刃先の抑制		○			
切削力の低減	摩擦の抑制	○				
工具寿命の延長	工具摩耗の抑制	○	○	○		
	熱劣化の抑制			○		
作業の効率化	切りくず処理					○
	工作物の冷却			○		
品質の向上	工作物・工作機械の錆止め				○	

表5-1 切削油剤の働き (切削油技術研究会)

(3) 切削油剤の種類

図5-2に切削油剤の種類を示します。切削油剤は大別して、不水溶性と水溶性になります。また不水溶性切削油剤は油性形、不活性極圧形お

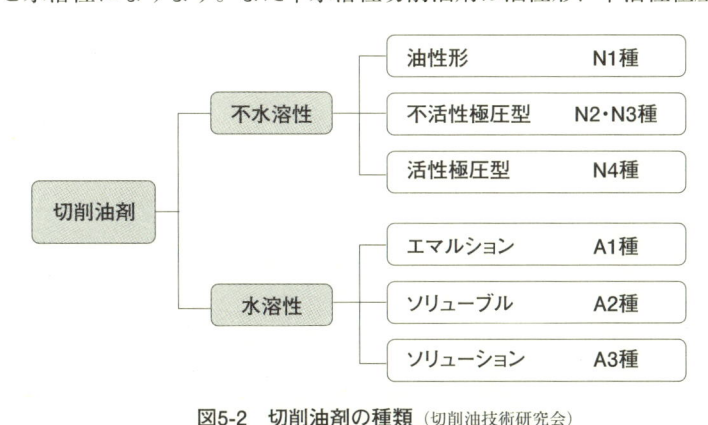

```
切削油剤 ─┬─ 不水溶性 ─┬─ 油性形          N1種
          │              ├─ 不活性極圧型    N2・N3種
          │              └─ 活性極圧型      N4種
          └─ 水溶性   ─┬─ エマルション    A1種
                        ├─ ソリューブル    A2種
                        └─ ソリューション  A3種
```

図5-2 切削油剤の種類 (切削油技術研究会)

よび活性極圧形に分けられます。同様に水溶性切削油剤はエマルション、ソリューブルおよびソリューションに区分されます。

表5-2および表5-3にそれぞれ不水溶性切削油剤と水溶性切削油剤の内容を示します。

極圧添加剤は、切削時の高温・高圧下で固体潤滑皮膜を形成し、潤滑作用を行うもので、添加剤として塩素、硫黄およびリンなどがあります。ただし現在は環境問題が重要となり、塩素フリーの切削油剤が主流になっています。またエマルションとは乳化で、互いに解け合わない2種類の液体の一方が、他方に細かい粒状に分散した状態をいいます。エマルションには、オイル・イン・ウオータ（O/W）タイプとウオータ・イン・オイル（W/O）タイプがあります。バターやマーガリンは、O/W

不水溶性切削油剤	
N1種	鉱油および脂肪油からなり、極圧添加剤を含まないもの
N2種	N1種の組成を主成分とし、極圧添加剤を含むもの（銅板腐蝕が150℃で2未満のもの）
N3種	N1種の組成を主成分とし、極圧添加剤を含むもの（銅板腐蝕が100℃で2以下、150℃で2以上もの）
N4種	N1種の組成を主成分とし、極圧添加剤を含むもの（銅板腐蝕が100℃で3以上のもの）

表5-2　不水溶性切削油剤とその内容（オーエスジー）

水溶性切削油剤	
A1種 エマルション	鉱油や脂肪油など水に溶けない成分と界面活性剤からなり、水を加えて希釈すると外観が乳白色になるもの
A2種 ソリューブル	界面活性剤など水に溶ける成分単独、または水に溶ける成分と鉱油や脂肪油など水に溶けない成分からなり、水を加えて希釈すると外観が半透明ないし、透明になるもの
A3種 ソリューション	水に溶ける成分からなり、水を加えて希釈すると外観が透明になるもの

表5-3　水溶性切削油剤とその内容（オーエスジー）

タイプで、牛乳はW/Oタイプです。またソリューブルは、石けん液のように、小さな油の粒子が水に分散したものです。またソリューションは、油脂分を全く含まない切削油剤です。

(4) 切削油剤の特性の比較

表5-4に各種切削油剤の特性を比較しています。潤滑性および抗溶着性という点では、極圧形の不水溶性切削油剤が優れています。また冷却性の面では、水溶性切削油剤の方がよいといえます。このように切削油剤には、それぞれ特性があるので作業目的に応じて選択することが大切です。

( )内はシンセティック形切削油剤の特徴

種類 (JIS分類) 特性	不水溶性切削油剤			水溶性切削油剤		
	油性形 (N1種)	不活性極圧型 (N2、N3種)	活性極圧型 (N4種)	エマルション (A1種)	ソリューブル (A2種)	ソリューション (A3種)
潤滑性	○	◎	◎	○〜△	△(○)	△(○)
抗溶着性	○	◎	◎	△	△	△
冷却性	△	△	△	○	◎	◎
浸透性	○	○	○	○	○	△(◎)
洗浄性	△	△	△	○	○	△(◎)
消泡性	◎	◎	◎	○	△	◎〜○
錆止め性	◎	◎	◎	△	○	○
耐腐敗性	—	—	—	△	○	◎
耐劣化性	◎	◎	◎	○	○	◎
作業性	△	△	△	△	○	◎
引火の危険性	有			無		
管理の難易	易			難		

◎:優れる　○:良好　△:劣る

表5-4 切削油剤の特性比較 (切削油技術研究会)

第5章 ● 知っておきたい切削油剤の基礎知識

5-2 ● 切削油剤の供給方法

　図5-3に切削油剤の供給方法を示します。これはドリルによる穴加工の例ですが、切削油剤の供給方法には外部給油方式と内部給油方式があります。通常の切削の場合は、外部給油方式を用いますが、深穴加工とか深溝加工のように、切りくずの排出が困難で切削油剤が切削工具の切削点に届きにくいような場合には、内部給油方式が用いられます。

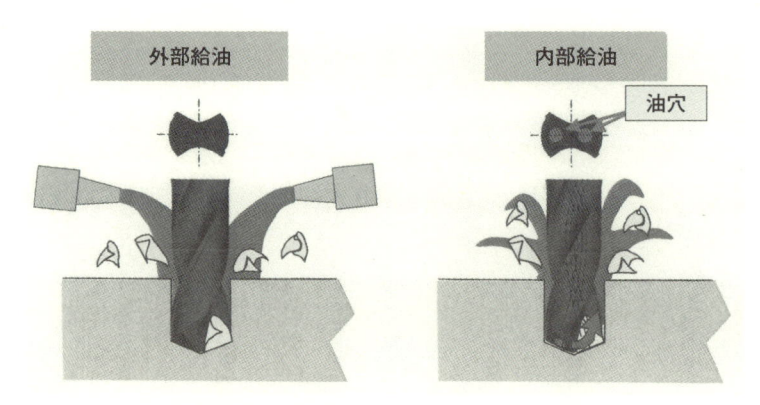

図5-3　切削油剤の供給方法（タンガロイ）

図5-4　セミドライ用ミスト供給装置の例（フジＢＣ技研）

また最近は地球環境問題が重要となり、できるだけ切削油剤を使用しない、あるいはできるだけ少量で加工するドライ切削やセミドライ切削が行われるようになってきました。図5-4にセミドライ用ミスト供給装置の例を示します。

　図5-5にミストの生成機構を示します。基本的には霧吹きの原理と同じで、油と空気の高圧混合流体をノズルにより急激に減圧することによりミスト化するものです。

　図5-6にセミドライ切削方法の例を示します。この例は、施削時のスローアウェイチップのすくい面および逃げ面方向からミストを吹き付けるものです。原理を示すために、ミストをチップに多量に吹き付けていますが、実際は吹き付ける量が少なく、ほとんど目には見えません。

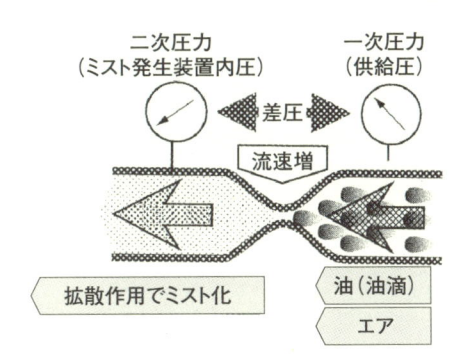

図5-5　ミストの生成機構

図5-6　セミドライ切削方法の例 (フジＢＣ技研)

図5-7に同様にセミドライドリリングの例を示します。このようにセミドライ切削方法を用いると、切削油剤やエネルギー使用量が減少し、環境問題対策として有効であることがわかってきました。現在、この分野での開発と応用が進んでいます。

図5-8に複合ミスト給油装置を示します。この装置は切削油剤のミストと水のミストを組み合わせることにより、潤滑作用と冷却作用の併用効果をねらったものです。また最近は鉱物油に代わって、植物油が用いられるケースが多く、地球環境への配慮がされるようになっています。

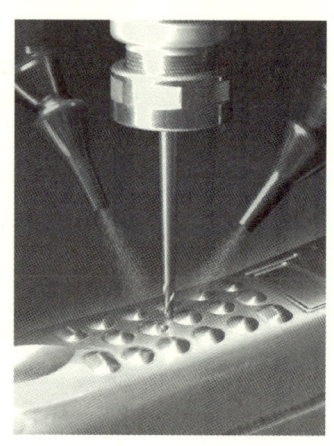

図5-7　セミドライドリリングの例 (フジＢＣ技研)

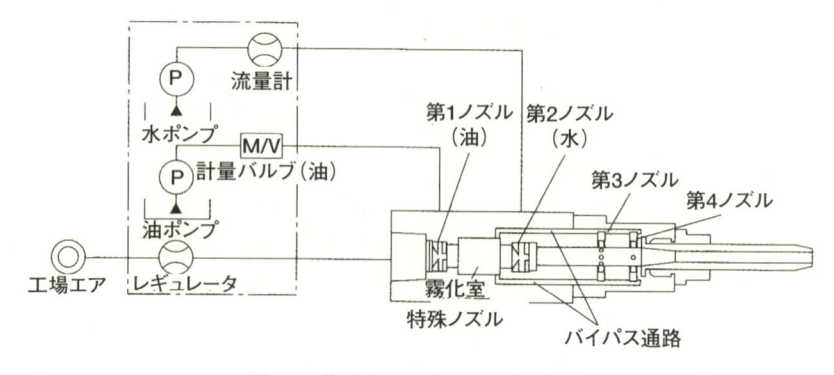

図5-8　複合ミスト給油装置 (丹羽ら)

第6章

知っておきたい切削条件の決め方の基礎知識

　最近はコンピュータの付いた工作機械が多く使用されています。しかしながらこの機械は、現在の位置（座標）、方向（X、YおよびZ軸など）および速度（動作）などを作業者が教えなければ、それ自体では何もできません。そのため切削加工を上手に行うには、目的にあった最適加工条件の決め方を理解しておく必要があります。

6-1 ●旋削加工条件の要素

(1) 切削速度とは

　図6-1に旋削加工時の切削速度を示します。切削速度は工作物の直径（D）と主軸の回転数（N）により決まります。切削速度（m/min）は、円周率（π）と工作物直径（mm）および主軸回転数（min^{-1}）の積を1000で割った値で示されます。すなわち切削速度（m/min）＝（π×工作物直径（mm）×主軸回転数（min^{-1}）/1000となります。

(2) 切り込みとは

　図6-2に旋削時の切り込み（mm）を示します。切り込みとはバイトが工作物に食い込んでいる深さで、工作物から切りくずとして除去される

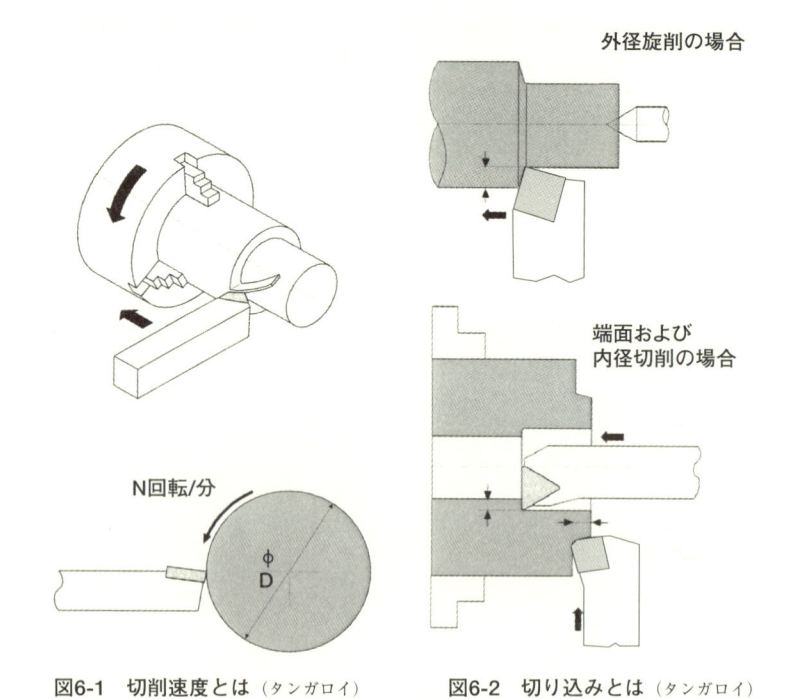

図6-1　切削速度とは（タンガロイ）　　図6-2　切り込みとは（タンガロイ）

値をいいます。外径切削や内径切削の場合は、工作物半径方向（X軸）のバイトの移動量で、端面切削の場合は軸方向（Z軸）の移動量となります。通常、旋盤の場合は半径方向がX軸で、主軸の方向がZ軸で表示されます。そして横切れ刃角が0°のバイトの場合は、切り込みと切りくずの幅がほぼ一致します。

（3）送りとは

図6-3に送りを示します。送り（mm/rev）は工作物1回転する間にバイトが軸方向、あるいは半径方向に送られる量です。この送りは鋼切削の場合、工作物の表面粗さや切りくず処理の善し悪しに効いてきます。

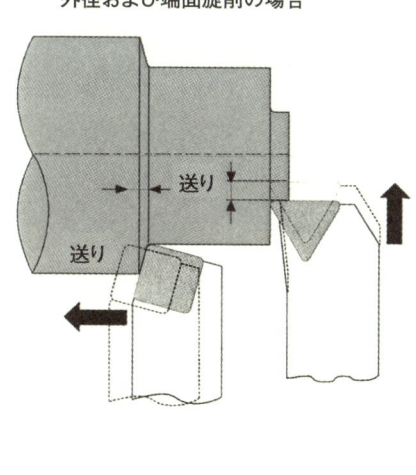

外径および端面旋削の場合

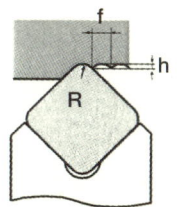

図6-3 送りとは （タンガロイ）

6-2 ● 旋削加工と切削条件

(1) 切削速度

切削速度は、工作物材質に対応して選択した工具材質により決まります。

図6-4に各種工具材料に対応した切削速度（V）と工具寿命（T）の例を示します。このようなV-T線図は、工具メーカのカタログなどでよく見かけます。ここで1時間削ったらバイトを再研削する、あるいはスローアウェイチップを交換するとします。すなわち工具寿命を60分とします。この場合、セラミック工具の場合は切削速度が約180m/minとなります。また超硬工具の場合は約110m/minで、高速度工具鋼では約40m/minとなります。このように工具交換時間を決めれば、工具材質に応じて切削速度が求まります。そして工作物の直径と切削速度から主軸の回転数が決まります。

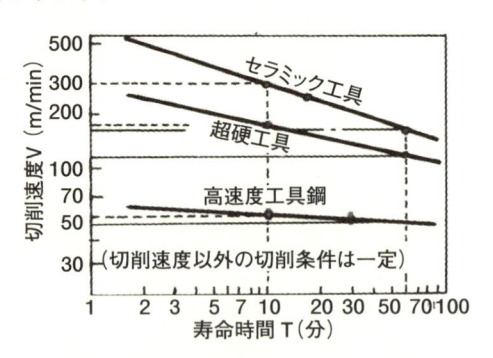

図6-4　各種工具材料とV-T線図　(篠崎)

(2) 送り

鋼材を切削する場合の送りは、表面粗さや切りくず処理と密接な関係があります。そして旋削時の表面粗さは、おおむねバイトのコーナ半径rと送りfによって決まります。

図6-5にバイトのコーナ半径（r）、送り（f）と表面粗さ（最大高さ粗さ）の関係を示します。図はコーナ半径が一定で送り量が変化しています。送り量が大きくなると最大高さ粗さも大きくなります。この場合、最大高さ粗さは、送りの2乗に比例し、8倍のノーズ半径に反比例します。すなわち最大高さ粗さ＝（送りの2乗）／（8×コーナ半径）となります。

図6-6にスローアウェイチップのブレーカを示します。このような平行形のチップブレーカの場合、おおむねブレーカ幅の約1/10の送りで、切りくず処理が良好に行われます。たとえばブレーカ幅が3mmとすれば、送り量は0.3mm/revとなります。

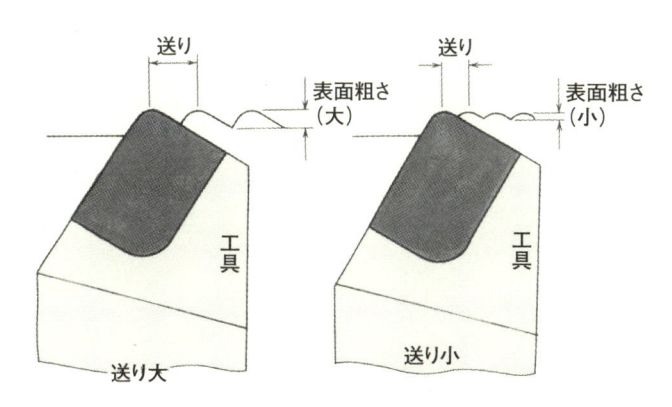

図6-5　バイトのコーナ半径、送りと表面粗さ

図6-6　スローアウェイチップのブレーカ

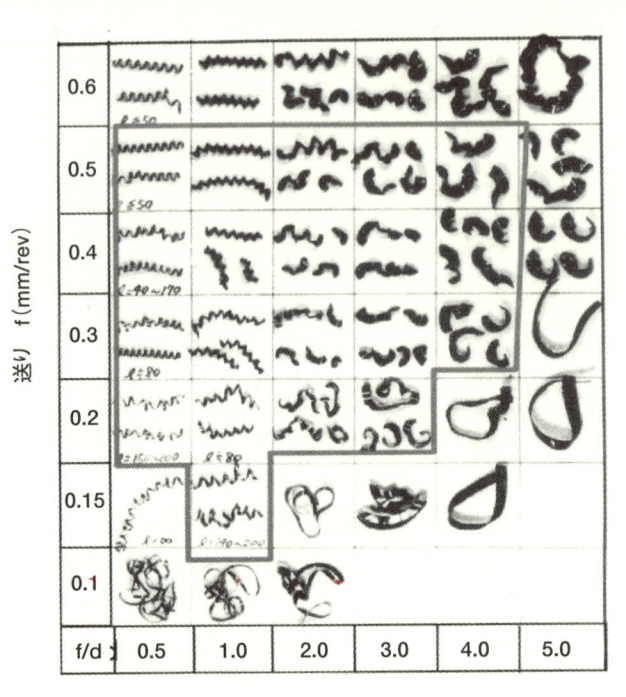

図6-7 切り込み、送りおよび切りくず処理適正領域の例（タンガロイ）

　図6-7に切り込み、送りおよび切りくず処理の適正領域の例を示します。通常はいろいろな種類のチップブレーカに応じて、切りくず処理が適正に行われる領域が求められています。この適正領域を図示したのがd－f線図（図2-50）です。
　通常、各工具メーカでは各種チップブレーカに応じて、このようなd－f線図をデータベース化しているので、この図から適正な送りを決定することになります。
　一般的な鋼材旋削においては、このように所定の表面粗さや切りくず処理がともに良好になる送り量を選択します。

(3) 切り込み

　切り込みは工作物の取りしろに依存します。基本的な考え方は粗加工段階で、できるだけ速く余分な取りしろを除去し、熱影響がなくなった段階（工作物が常温状態）で仕上げをし、寸法精度を出すことです。

図6-8　普通旋盤とその能力

　図6-8に普通旋盤とその能力を示します。旋削加工において余分な取りしろをできるだけ速く取り去るといっても、馬力の大きな旋盤と小さなものとでは、加工の仕方が異なります。この場合、旋盤の能力を超えて切り込みを大きくし加工することはできませんが、機械の能力をフルに使うことが大切です。

　切削仕事（単位時間）は力かける速度です。すなわち切削抵抗の主分力と切削速度の積です。また切削力は切削断面と比切削抵抗の積で、切削断面積は旋削の場合、切り込みと送りの積となります。したがって切削仕事は、比切削抵抗、切削速度、切り込みおよび送りの積となります。

　表6-1に工作物の材質と比切削抵抗を示します。そのため工作物の材質が決まれば比切削抵抗の値がわかります。この場合、送りによって抵抗値が異なるのは、前述のように寸法効果があるためで、送りが小さくなると理想強度に近づき、比切削抵抗が大きくなります。

　また切削速度は、工具材質と工具寿命により定まり、また送り量は使

被削材材質	引張り強さ(MPa)および硬さ	各送りに対する比切削抵抗Ks (N/mm²)				
		0.1 (mm/rev)	0.2 (mm/rev)	0.3 (mm/rev)	0.4 (mm/rev)	0.6 (mm/rev)
軟鋼	520	3610	3100	2720	2500	2280
中鋼	620	3080	2700	2570	2450	2300
硬鋼	720	4050	3600	3250	2950	2640
工具鋼	670	3040	2800	2630	2500	2400
工具鋼	770	3150	2850	2620	2450	2340
クロムマンガン鋼	770	3830	3250	2900	2650	2400
クロムマンガン鋼	630	4510	3900	3240	2900	2630
クロムモリブデン鋼	730	4500	3900	3400	3150	2850
クロムモリブデン鋼	600	3610	3200	2880	2700	2500
ニッケルクロムモリブデン鋼	900	3070	2650	2350	2200	1980
ニッケルクロムモリブデン鋼	352HB	3310	2900	2580	2400	2200
硬質鋳鉄	46HRC	3190	2800	2600	2450	2270
ミーハナイト鋳鉄	360	2300	1930	1730	1600	1450
ネズミ鋳鉄	200HB	2110	1800	1600	1400	1330

表6-1　工作物材質と比切削抵抗（三菱マテリアル）

　用するバイトのコーナ半径、必要とされる表面粗さおよび切りくず処理の適正領域より決定されるので、残るのは切り込みだけとなります。そのため（所要切削動力≦旋盤の能力）の条件下で切り込みを決定します。この場合、所要切削動力は切削仕事を（$60 \times 10^3 \times$ 機械効率）で割った値となります。すなわち所要切削動力は次のようになります。

　　所要切削動力＝（比切削抵抗×切削速度×切り込み×送り）／（$60 \times 10^3 \times$ 機械効率）

　この場合、切削速度＝（$\pi \times$ 工作物直径×主軸回転数）/1000です。そして所要切削動力の単位はkW（キロワット）となります。

6-3 ● 正面フライス加工と切削条件

(1) 切削速度

　正面フライス削り時の切削速度（m/min）は、カッターの直径D（mm）と主軸の回転数n（min^{-1}）により決まります。すなわち
　　切削速度＝（π×カッター直径×主軸回転数）/1000となります。
　表6-2に超硬正面フライスのタイプ別の工作物材質と推奨切削速度を示します。作業にあたっては使用する正面フライスのタイプと工作物の材質に応じて、切削速度を決定する必要があります。この場合、主軸の回転数＝（1000×切削速度）/（π×カッター直径）です。

正面フライスのタイプ / 被削材	A	B	C	D	E	F	G	H	I	J	K
軟鋼		120~150	130~160	140~170		260~300	120~150	100~130	100~130		
炭素鋼	90~110	100~130	120~140	120~150			120~180	100~130		80~100	100~135
合金鋼	80~100	80~120	110~140	120~150			120~180	80~120		80~100	
ダイス鋼(HRC20~30)				100~130			120~180		80~120		70~90
ダイス鋼(HRC40~50)				60~80							
ステンレス鋼		110~120		120~150	140~180	120~180		70~120			70~90
鋳鉄	80~100	90~110	90~110	80~100			100~150	80~100		80~100	90~110
アルミ合金(Si10%以下)				500~1000	500~1000			500~800			
アルミ合金(Si10%以上)				200~500	200~500			200~500			
銅合金				200~500	200~500			200~500			
非鉄金属一般				200~500	200~500						

表6-2　正面フライスのタイプ、工作物材質と推奨切削速度（m/min）（佐藤、渡辺）
（表4-2参照）

(2) 刃あたりの送りとテーブル送り速度

　正面フライス削り時のテーブル送り速度は、刃あたりの送り、主軸回転数および刃数に依存します。すなわちテーブル送り速度＝（刃あたりの送り×主軸回転数×刃数）となります。

図6-9に刃あたりの送りを示します。刃あたりの送りは１刃あたりのテーブルの送り量です。この刃あたりの送りは、旋削加工と同様、表面粗さ（図2-40）に影響します。

　表6-3に超硬正面フライスの刃あたり送りの推奨値を示します。正面フライスのタイプならびに工作物の材質により異なりますが、刃あたりの送りは、おおむね0.1～0.4mm/刃となっています。使用するフライスのタイプと工作物の材質に応じて適切な刃あたりの送りを選定すること

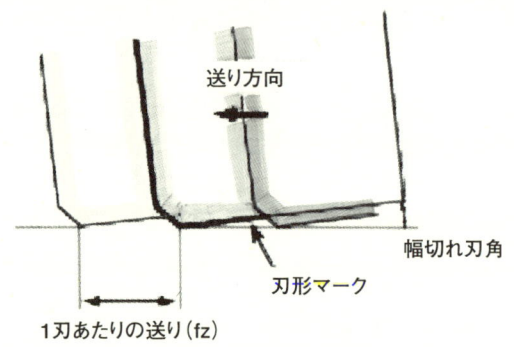

送り方向

幅切れ刃角

刃形マーク

1刃あたりの送り（fz）

図6-9　刃あたりの送り

被削材＼正面フライスのタイプ	A	B	C	D	E	F	G	H	I	J	K
軟鋼		0.1~0.3	0.2~0.45	0.1~0.25			3以下	0.1~0.25	0.1~0.2	0.1~0.3	
炭素鋼	0.15~0.3	0.1~0.3	0.2~0.4	0.1~0.25			3以下	0.1~0.25		0.1~0.25	0.1~0.4
合金鋼	0.15~0.3	0.1~0.25	0.2~0.35	0.1~0.25			3以下	0.1~0.2		0.1~0.25	
ダイス鋼（HRC20~30）				0.1~0.2			3以下		0.1~0.15		0.1~0.3
ダイス鋼（HRC40~50）		0.15~0.2		0.1~0.25							
ステンレス鋼		0.1~0.3		0.15~0.25		0.2~0.3	3以下		0.05~0.3		0.1~0.3
鋳鉄	0.1~0.25		0.2~0.35	0.1~0.25			3以下	0.1~0.25		0.05~0.3	0.1~0.3
アルミ合金（Si10%以下）				0.1~0.2	0.05~0.2				0.05~0.3		
アルミ合金（Si10%以上）				0.1~0.2	0.05~0.2				0.05~0.3		
銅合金				0.1~0.2	0.05~0.2				0.05~0.3		
非鉄金属一般				0.05~0.2	0.05~0.2						

表6-3　正面フライスの刃あたりの送りの推奨値（mm／刃）（佐藤、渡辺）

が大切です。

　使用するカッタの直径、刃数および切削速度が定まれば、主軸の回転数が決定されるので、刃あたりの送りによって、テーブルの送り速度が求まります。

(3) 切り込み

　正面フライス削り時の切り込みは使用するフライス盤の能力により異なりますが、切り込みの目安があります。

　表6-4に正面フライス削り時の切り込み深さの目安を示します。重切削時の切り込みは20mm以下で、中削り、荒削りおよび仕上げ削りを行うにつれて、切り込み深さは減少します。

　また正面フライス削りの場合も、旋盤の場合と同様に、所要切削動力をフライス盤の能力以下に抑える必要があります。

　図6-10に正面フライス削り時の加工条件を示します。正面フライス削

フライス加工	切り込み深さ
超精密仕上げ	0.05〜0.10
精密仕上げ	0.3〜0.5
仕上げ	0.4〜14
中、荒削り	10以下
重切削	20以下

表6-4　正面フライス削り時の切り込みの目安（mm）

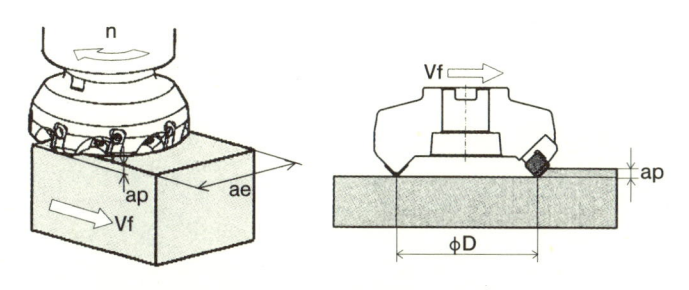

図6-10　正面フライスと加工条件　(タンガロイ)

り時には切削幅（ae）が影響します。このような条件下における正面フライス削り時の所要切削動力は次のようになります。

所要切削動力＝（切り込み×切削幅×テーブル送り速度×比切削抵抗）／（60×10³×機械効率）

表6-5に工作物の材質と刃あたりの送りに対応した比切削抵抗を示します。そのため工作物の材質と刃あたりの送りが決まれば、所要切削動力は計算により求まります。

被削材材質	引張り強さ（MPa）および硬さ	各送りに対する比切削抵抗KFs（N/mm²）				
		0.1 (mm/tooth)	0.2 (mm/tooth)	0.3 (mm/tooth)	0.4 (mm/tooth)	0.6 (mm/tooth)
軟鋼	520	2200	1950	1820	1700	1580
中鋼	620	1980	1800	1730	1600	1570
硬鋼	720	2520	2200	2040	1850	1740
工具鋼	670	1980	1800	1730	1700	1600
工具鋼	770	2030	1800	1750	1700	1580
クロムマンガン鋼	770	2300	2000	1880	1750	1660
クロムマンガン鋼	630	2750	2300	2060	1800	1780
クロムモリブデン鋼	730	2540	2250	2140	2000	1800
クロムモリブデン鋼	600	2180	2000	1860	1800	1670
ニッケルクロムモリブデン鋼	940	2000	1800	1680	1600	1500
ニッケルクロムモリブデン鋼	352HB	2100	1900	1760	1700	1530
鋳鋼	520	2800	2500	2320	2200	2040
硬質鋳鉄	46HRC	3000	2700	2500	2400	2200
ミーハナイト鋳鉄	360	2180	2000	1750	1600	1470
ネズミ鋳鉄	200HB	1750	1400	1240	1050	970
黄銅	500	1150	950	800	700	630
軽合金（Al-Mg）	160	580	480	400	350	320
軽合金（Al-Si）	200	700	600	490	450	390

表6-5　正面フライス削り時の比切削抵抗（三菱マテリアル）

6-4 ● エンドミル切削と加工条件

(1) 溝削り

表6-6にショート形2枚刃エンドミルで、切り込み深さをその直径の

被削材 切削条件 呼び (mm)	低炭素鋼 (引張強さ50kgf/mm²以下) 銅合金、鋳鉄（軟質）		中炭素鋼 (引張強さ50～80kgf/mm²) 硬質銅合金、硬質鋳鉄		高炭素鋼 (引張強さ80～100kgf/mm²) 合金鋼、ステンレス	
	回転速度 min⁻¹	送り速度 mm/min	回転速度 min⁻¹	送り速度 mm/min	回転速度 min⁻¹	送り速度 mm/min
0.6	13,200	65	12,500	48	10,000	36
0.8	11,200	71	9,500	53	7,100	〃
1	9,000	〃	7,500	〃	5,600	〃
2	5,600	90	4,500	65	2,800	〃
3	4,500	106	3,360	75	2,000	〃
4	3,150	125	2,360	85	1,400	40
5	2,500	140	1,900	95	1,120	45
6	2,240	150	1,700	100	1,000	48
8	1,600	180	1,180	118	710	56
10	1,250	200	950	132	560	63
12	1,000	190	750	118	450	60
14	900	180	670	〃	400	〃
16	800	170	600	112	355	〃
18	710	165	530	106	315	56
20	630	160	475	95	280	〃
22	560	150	425	85	250	50
24	500	140	375	75	224	45
25	〃	〃	〃	〃	〃	〃
26	〃	〃	〃	〃	〃	〃
28	450	125	335	65	200	40
30	〃	〃	〃	〃	〃	〃
32	400	120	300	60	180	36
35	355	105	265	53	160	32
36	〃	〃	〃	〃	〃	〃
40	315	100	236	48	140	28
45	280	90	212	42	125	25
50	250	80	190	38	112	22

表6-6 エンドミル溝削りの切削条件の目安（オーエスジー）

1/2とした場合およびショート形4枚刃でその直径の1/4の切り込みの場合の切削条件の目安です。この場合、機械やチャックの精度や剛性が高く、適切な切削油剤を選択したものとします。

ここで刃数が2枚で、直径が10mmの高速度工具鋼製エンドミルを用いて低炭素鋼を溝削りしたときの切削条件を検討してみましょう。この場合、切削速度は次のように計算できます。

切削速度＝（π×回転速度×直径）/1000＝（3.14×1250×10）/1000

となります。したがって切削速度は39.25m/minとして求まります。

また次に刃あたりの送りを計算してみましょう。刃あたりの送りは次のようになります。

刃あたりの送り＝送り速度/（回転速度×刃数）＝200/（1250×2）

となります。したがって刃あたりの送りは0.08mm/刃となります。

（2）側面切削

表6-7はエンドミル側面削りの切削条件の目安です。この場合はショート形4枚刃エンドミルで、切り込みを直径の1/10、切り込み幅を直径の1.5倍としています。

このように各工具メーカでは、エンドミルの種類に応じて標準的な切削条件の基準表を準備しています。そのためこれら基準表を参考にして、工具材質、工具形状、工作物材質および作業目的などに応じた適切な切削条件を決定します。

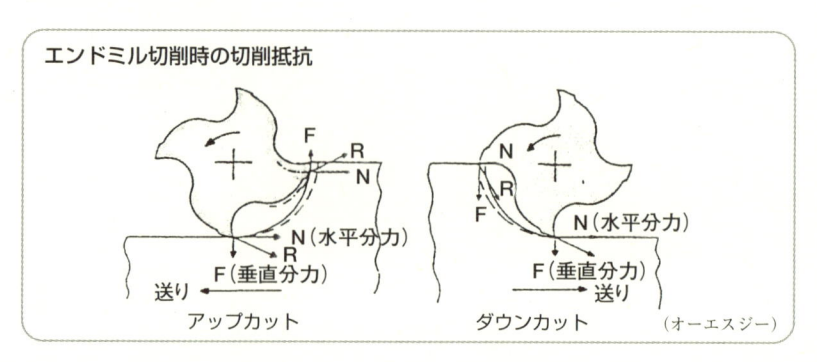

エンドミル切削時の切削抵抗

アップカット　　　　ダウンカット

N（水平分力）　F（垂直分力）　送り

（オーエスジー）

呼び(mm)	低炭素鋼 (引張強さ50kgf/mm²以下) 銅合金、鋳鉄(軟質)		中炭素鋼 (引張強さ50〜80kgf/mm²) 硬質銅合金、硬質鋳鉄		高炭素鋼 (引張強さ80〜100kgf/mm²) 合金鋼、ステンレス	
	回転速度 min⁻¹	送り速度 mm/min	回転速度 min⁻¹	送り速度 mm/min	回転速度 min⁻¹	送り速度 mm/min
3	5,300	250	4,000	190	2,650	95
4	3,750	300	2,800	224	1,900	106
5	3,000	335	2,240	250	1,500	118
6	2,650	355	2,000	265	1,320	125
8	1,900	425	1,400	315	950	150
10	1,500	475	1,120	355	750	170
12	1,180	450	900	335	600	160
14	1,060	425	800	315	530	〃
16	950	400	710	300	475	〃
18	850	〃	630	280	425	150
20	750	375	560	250	375	〃
22	670	355	500	224	335	132
24	600	335	450	200	300	118
25	〃	〃	〃	〃	〃	〃
26	〃	〃	〃	〃	〃	〃
28	530	300	400	180	265	106
30	〃	〃	〃	〃	〃	〃
32	475	260	355	160	236	95
35	425	250	315	140	212	85
36	〃	〃	〃	〃	〃	〃
40	375	236	280	125	190	75
45	335	250	250	140	170	85
50	300	224	224	125	150	75

表6-7　エンドミル側面削りの切削条件の目安（オーエスジー）

テーブル送り速度　F

$F = f \times n \times Z$　　f：刃あたりの送り　n：主軸回転数　Z：刃数

第6章 ● 知っておきたい切削条件の決め方の基礎知識

あとがき

　日本は食料、資源およびエネルギーを海外に依存しています。そのため付加価値の高い製品を製造し、それを輸出する貿易立国であることは、今後も変わらないでしょう。しかしながら製造業に就職する若者が年々減少していることは、残念なことです。一人でも多くの若者が、製造業に就職し、貿易立国である日本を支えてくれることを願望し、この本を執筆しました。またそのために多くの先生方、工具メーカの方たちおよび日本工作機械工業会や切削油技術研究会などの関係各位が応援してくれました。みんなが製造業を支える人材育成の重要性を認識しているからです。

　人間が他の動物と違うところは、道具を使うことではなく、道具を作り出すことができることです。しかし最近は分業が進み、自分で道具を作らなくなりましたが、作業目的に応じて、最適な工具を選択し、そして最適な作動条件下で使用することが重要になっています。そしてものづくりの過程で創意工夫をし、また知恵を働かせ、付加価値の高い製品を作り出すことは、達成感のある素晴らしい仕事だと思います。

　この本が、ものづくりの経験のない、あるいは経験の少ない方たちの参考になり、一人でも多くの若者が製造業に就職し、そして日本の製造業を支えるコア人材になるきっかけになれば、筆者の望外の喜びです。また上記関係各位から素晴らしい資料をご提供いただいたので、図表も見やすく、理解しやすいものになっています。しかしながら筆者の力不足で、説明がくどく、完全な絵ときにはなっていない点は、お許しいただきたいと思います。

　最後に、本書を執筆するにあたり貴重な資料をご提供いただいた関係各位に、この場を借りて改めて御礼申し上げます。

参考文献

1) 木村忠彦：切削工具の上手な選び方・使い方、青梅商工会議所（1990）
2) 篠崎襄：加工の工学、開発社（1977）
3) 佐藤素、渡辺忠明：切削加工、朝倉書店（1984）
4) 小林輝夫：機械工作入門、理工学社（1991）
5) 日本工作機械工業会：やさしい工作機械の話（1990）
6) 切削油技術研究会：切削油剤ハンドブック、工業調査会（2004）
7) 丹羽小三郎他：精密工学会春季大会学術講演会論文集（1999）550
8) 野村俊雄：何でも削れる工具、http://www-sei-co-jp/RandD/itami/e-tool/nomura-html
9) 三菱マテリアル株式会社：Webカタログ
   http://www-mitsubishicarbide-net/mmc/jp/catalogue/index-html
10) 株式会社タンガロイ：http://www-tungaloy-co-jp/ttj/catalog/hedder-html
11) 住友電工ハードメタル株式会社：http://www-sumitool-com/top-html
12) 三菱マテリアル株式会社：Tooling Technology、切削工具と切削加工
13) 三菱マテリアル株式会社：Tooling Technology、材料
14) 三菱マテリアル株式会社：Tooling Technology、インサート
15) 株式会社タンガロイ研修センター：切削加工の基礎とポイント
16) 株式会社タンガロイ研修センター：旋削工具形状編
17) 株式会社タンガロイ研修センター：フライス・エンドミル工具形状編
18) 株式会社タンガロイ研修センター：穴あけ工具編
19) 株式会社タンガロイ工具技術部編集：鋼旋削用チップブレーカと切りくず処理の基礎
20) オーエスジー株式会社：TECHNIKAL DATA、エンドミル加工
21) オーエスジー株式会社：TECHNIKAL DATA、ドリル加工
22) フジＢＣ技研株式会社：http://www-fuji-bc-com/

索 引

◆英数字◆

CBN焼結体……………82
d-f線図………………160
S形シンニング…………141
V-T線図…………………41

◆あ◆

エマルション……………150
エンドミル………………121
エンドミル側面削り……168
エンドミルの底刃形状…131
エンドミルの刃数………126
エンドミルの刃長………128

◆か◆

外周すくい角……………125
外周二番角………………125
外部給油方式……………152
化学蒸着（CVD）………78
管厚マイクロメータ……24
切りくず厚さ……………23
切りくず処理……………45

切りくずの色……………31
切りくずの変形…………20
切る………………………10
切れ刃傾き角……………93
境界摩耗…………………41
亀裂形切りくず…………23
クイックチェンジアダプタ…118
くさび止め式……………116
削る………………………11
工具回転方式……………136
工具寿命…………………38
工具寿命評価基準………38
工具寿命方程式…………40
工具損傷…………………41
工作物回転方式…………136
構成刃先…………………32
高速度工具鋼……………65
極圧添加剤………………150
コーテッド工具…………78
コーナ半径………………43
コーナ（ノーズ）半径…108
コレットチャック………142

◆さ◆

- 最大高さ粗さ …………… 42
- サーメット ………………… 76
- 三次元切削 ………………… 26
- 算術平均粗さ ……………… 42
- 敷き板 ……………………… 100
- 軸方向すくい角 ………… 113
- 主分力 ……………………… 26
- シャンク …………………… 92
- 正面フライス …………… 111
- 所要切削動力 …………… 162
- 心高調整 …………………… 100
- 靱性 ………………………… 62
- 水溶性切削油剤 ………… 150
- すくい角 …………………… 21
- すくい面摩耗 ……………… 36
- スクエアエンドミル …… 132
- ストレートシャンク …… 124
- スローアウェイバイト …… 88
- スローアウェイチップ … 103
- 寸法効果 …………………… 28
- 切削温度 …………………… 30
- 切削仕事 ………………… 161
- 切削断面積 ……………… 161
- 切削抵抗 …………………… 26
- 切削熱の流入割合 ………… 30
- 切削油剤 ………………… 148
- セミドライ切削 ………… 153
- セラミックス ……………… 75
- 旋削加工条件 …………… 156
- せん断角 …………………… 24
- せん断型形切りくず ……… 23
- ソリッドバイト …………… 88
- ソリューション ………… 150
- ソリューブル …………… 150

◆た◆

- ダイヤモンド焼結体 ……… 84
- ダイヤモンドハンドラッパ … 34
- 多層コーティング ………… 80
- 立フライス盤 ……………… 15
- 多刃工具 …………………… 12
- ダブルネガ形 …………… 116
- ダブルポジ形 …………… 116

タングステン系高速度工具鋼…67
単層コーティング……………80
断続切削………………………63
単刃工具………………………12
チャッキング方式…………134
チップ形状…………………105
チップの内接円精度………106
チップブレーカ………47、109
チップ保持方式………………88
チャンファホーニング……109
超硬合金………………………68
超微粒超硬合金………………75
直立ボール盤…………………17
テーパエンドミル…………132
テーパシャンク……………124
テーパシャンクドリル……142
テーブル送り速度…………163
テンパカラー…………………31
ドライ切削…………………153
ドリル………………………135
ドリルチャック……………142
ドリルのシンニング………141

ドリルの先端角……………139
ドリルの逃げ角……………139
ドリルのポイント形状……141

◆な◆

内部給油方式………………152
流れ形切りくず………………21
逃げ角…………………………21
逃げ面摩耗……………………36
逃げ面摩耗経過曲線…………38
逃げ面摩耗幅…………………36
二次元切削……………………20
ニック付エンドミル………130
ネガティブレーキ……………95
ネガポジ形…………………116
ねじ止め式…………………116
ねじれ角……………………125
ノーズ半径……………………43

◆は◆

刃あたりの送り ……… 45、163
バイト …………………… 88
バイトの勝手 …………… 91
背分力 …………………… 26
刃先強度 ………………… 95
刃物台 ………………… 101
バリ ……………………… 38
半径方向すくい角 …… 113
平削り盤 ………………… 15
比切削抵抗 ……………… 28
表面粗さ ………………… 43
物理蒸着（PVD）……… 78
不水溶性切削油剤 …… 149
プリホーニング ………… 34
ブレーカ幅 …………… 159
粉末ハイス ……………… 67
ポジティブレーキ ……… 95
ホーニング …………… 109
ホブ盤 …………………… 17
ボールエンドミル …… 132

◆ま◆

前切れ刃角 ……………… 93
溝削り ………………… 168
ミーリングチャック …… 142
モリブデン系高速度工具鋼…67

◆や◆

横切れ刃角 ……………… 93
横中ぐり盤 ……………… 12

◆ら◆

ラフィングエンドミル …… 130
立方晶窒化ホウ素 ……… 81
連続切削 ………………… 74
ろう付けバイト ………… 88

◎著者略歴◎

海野邦昭（うんの　くにあき）

1944年生まれ。
職業訓練大学校機械科卒業。工学博士。職業能力開発総合大学校精密機械システム工学科教授。精密工学会理事、砥粒加工学会理事などを歴任。
主要な著書に「ファインセラミックスの高能率機械加工」「絵とき『研削加工』基礎のきそ」（以上、日刊工業新聞社）「CBN・ダイヤモンドホイールの使い方」（工業調査会）「次世代への高度熟練技能の継承」（アグネ承風社）などがある。

絵とき
「切削加工」基礎のきそ　　　　　　　　　　NDC531

2006年6月28日　初版1刷発行	（定価はカバーに表示してあります）
2007年12月10日　初版5刷発行	

Ⓒ　著　者　　海野　邦昭
　　発行者　　千野　俊猛
　　発行所　　日刊工業新聞社
　　　　　　　〒103-8548　東京都中央区日本橋小網町14-1
　　電　話　　書籍編集部　03（5644）7490
　　　　　　　販売・管理部　03（5644）7410
　　FAX　　03（5644）7400
　　振替口座　00190-2-186076
　　URL　　http://www.nikkan.co.jp/pub
　　e-mail　info@tky.nikkan.co.jp
　　企画・編集　新日本編集企画
　　印刷・製本　新日本印刷

落丁・乱丁本はお取り替えいたします。
2006 Printed in Japan
ISBN 4-526-05693-6　C3053

Ⓡ　＜日本複写権センター委託出版物＞
本書の無断複写は、著作権法上の例外を除き、禁じられています。
本書からの複写は、日本複写権センター（03-3401-2382）の許諾を得てください。